照片1 残坡积（Qesl）红色黏土及亚黏土，嵌入石芽、溶沟等微型喀斯特洼地中，钪矿的主要产出层位

照片2 上部为残坡积（Qesl）红色黏土及亚黏土，下部为半风化玄武岩，钪矿的主要产出层位

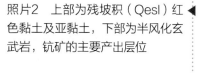

U0226019

照片3 残坡积（Qesl）红色黏土及亚黏土，嵌入石芽、溶沟等微型喀斯特洼地中

照片4　残坡积（Qesl）红色黏土及亚黏土，嵌入石芽、溶沟等微型喀斯特洼地中

▶ 照片5　①号矿体位于海拔1365.70～1406.29m 标高的喀斯特丘丛上

照片6　②号矿体位于海拔1338.90～1453.53m 标高的喀斯特丘丛及斜坡上的微型洼地中

▶ 照片7 ③号矿体位于海拔1491.16～1498.45m 标高的喀斯特丘丛上

照片8 矿区出露的未风化玄武岩 ◀

▶ 照片9 矿区出露的未风化玄武岩

峨眉山玄武岩组中的风化玄武岩

峨眉山玄武岩组中的半风化玄武岩

照片10　晴隆沙子矿区①号矿体半风化玄武岩与风化玄武岩

茅口组灰岩经过分化形成的喀斯特风化面

赋存于茅口喀斯特岩溶不整合面之上的玄武岩经风化后形成的黏土岩和红土

照片11　矿区内赋存于茅口喀斯特岩溶不整合面之上的玄武岩经风化后形成的黏土岩和红土

照片12　晴隆沙子矿区②号矿体茅口组之上喀斯特不整合面的风化矿体

P2m

②号矿体

照片13 矿区玄武岩
上残留的淬火现象

照片14 矿区玄武岩
上残留的淬火现象

照片15 未风化玄武岩

照片16　半风化玄武岩 ◄

► 照片17　风化玄武岩（矿石）

照片18　高岭土及风 ◄
化玄武岩（矿石）

照片19 ①号钪矿矿体：产于茅口灰岩顶部喀斯特洼地红土中——①号矿体露头

照片20 ②号钪矿矿体

照片21 ②号钪矿矿体

照片22 ③号钪矿矿体施工现场

照片23 威宁黑石头镇居乐村风化 - 半风化 - 原生玄武岩（Sc：17.04×10^{-6}）

照片24 威宁黑石头镇居乐村风化 - 半风化玄武岩（Sc：17.04×10^{-6}）

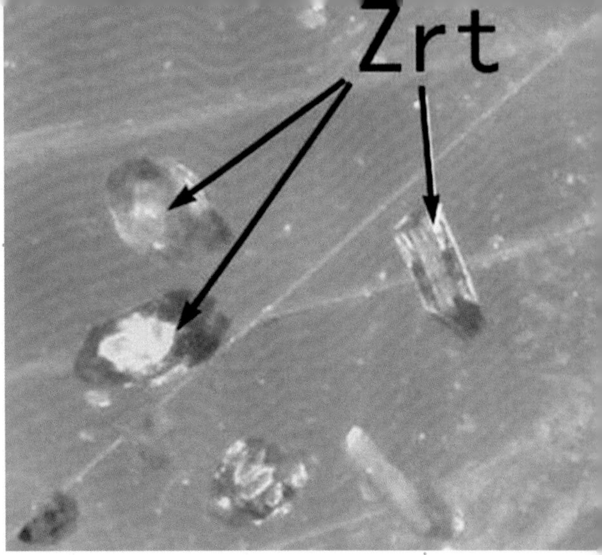

照片25 锆石（Zrt）的体视显微镜照片

照片26 电气石（Tur）和绿帘石（Ep）的体视显微镜照片

照片27 薄片10×20（＋）自生石英多呈自形晶结构，可见自生石英包裹早期微细粒石英及泥质形成雾心结构

照片28　显微鳞片状的绢云母（Ser），集合体具板条状长石矿物假像。透射正交偏光，标尺每小格为0.01mm

照片29　高岭石（Kln）等黏土矿物粒度小于0.004mm，构成矿石的泥质结构。透射单偏光，标尺每小格为0.01mm

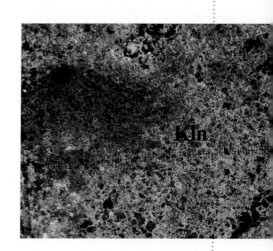

照片30　细砂结构：浅色部分为碎屑颗粒，暗色部分为填隙物。透射单偏光，标尺每小格为0.01mm

照片31　蚀变粉砂结构：浅色部分为碎屑颗粒，暗色部分为填隙物。透射正交偏光，标尺每小格为0.01mm

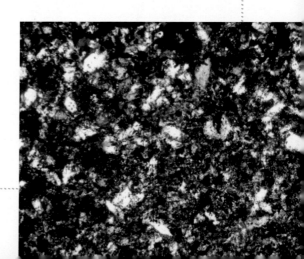

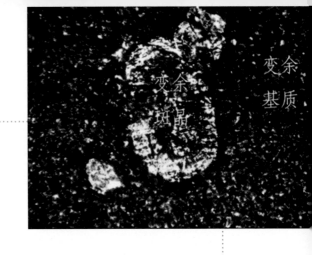

照片32 变余斑晶具溶蚀和聚斑现象，基质为黏土矿物、长石和铁质。透射单偏光，标尺每小格为0.01mm

照片33 玄武岩中斜长石（Pl）搭成的格架间充填它形粒状矿物和隐晶质，构成蚀变间粒间隐结构。透射单偏光，标尺每小格为0.01mm

照片34 织金县熊家场乡群潮村风化-半风化-原生玄武岩（Sc：22.20×10^{-6}）

照片35 毕节市杨家湾镇发达村以西公路旁风化-半风化-原生玄武岩（Sc：28.80×10^{-6}）

照片36 赫章县野马川收费站高速入口风化 - 半风化 - 原生玄武岩（Sc：30.30×10^{-6}）

照片37 赫章县野马川收费站高速入口玄武岩风化红土

照片38 水城县纸厂乡玉舍村风化 - 半风化 - 原生玄武岩（Sc：35.10×10^{-6}）

照片39 水城县纸厂乡玉舍村风化 - 半风化 - 原生玄武岩（Sc：35.10×10^{-6}）

贵州理工学院高层次人才科研启动项目：贵州红土型独立铊矿成矿条件研究
（XJGC20190954）

贵州省普通高等学校隐伏矿床勘测创新团队（黔教合人才团队字[2015]56）

地质资源与地质工程省级重点学科（ZDXK[2018]001）

贵州省地质资源与地质工程人才基地（RCJD2018-3）

贵州省岩溶工程地质与隐伏矿产资源特色重点实验室（黔教合 KY 字[2018]486 号）

联合资助出版

黔西南晴隆沙子
独立钪矿床成矿过程研究

Study on the Genetic Process of the Shazi Independent Scandium
Deposit in Qinglong County, Southwest Guizhou Province

孙 军 著

电子工业出版社·

Publishing House of Electronics Industry
北京·BEIJING

内 容 简 介

本书以矿床学及矿床地球化学理论为指导，在对黔西南晴隆沙子地区及周边区域多次踏勘，以前人对贵州西部玄武岩研究、贵州西部中上二叠世岩相古地理研究等为基础，通过对晴隆沙子钪矿床的野外地质调查、采样、鉴定、检测，室内综合分析研究，系统整理了沙子钪矿床地质特征、矿石工艺学、选冶研究成果，分析整理各测试结果，研究独立钪矿床成矿过程及成因，建立成矿模式；为贵州西部新类型、新矿种、新矿产地的找矿理论研究及实践开拓新的思路。本书中涉及的含量均为质量分数。

本书可作为地质及相关方面本科高年级、研究生及科研人员的参考用书。

图书在版编目（CIP）数据

黔西南晴隆沙子独立钪矿床成矿过程研究/孙军著. —北京：电子工业出版社，2019.8
ISBN 978-7-121-37217-9

Ⅰ. ①黔… Ⅱ. ①孙… Ⅲ. ①钪－稀土元素矿床－矿物成因－研究－晴隆县 Ⅳ. ①P618.731

中国版本图书馆 CIP 数据核字（2019）第 164656 号

策划编辑：刘小琳
责任编辑：刘小琳　　文字编辑：邓茗幻　　特约编辑：刘　炯　等
印　　刷：北京虎彩文化传播有限公司
装　　订：北京虎彩文化传播有限公司
出版发行：电子工业出版社
　　　　　北京市海淀区万寿路 173 信箱　　邮编：100036
开　　本：720×1000　1/16　印张：10　字数：222 千字　彩插：6
版　　次：2019 年 8 月第 1 版
印　　次：2024 年 6 月第 2 次印刷
定　　价：68.00 元

凡所购买电子工业出版社图书有缺损问题，请向购买书店调换。若书店售缺，请与本社发行部联系，联系及邮购电话：（010）88254888，88258888。

质量投诉请发邮件至 zlts@phei.com.cn，盗版侵权举报请发邮件至 dbqq@phei.com.cn。

本书咨询联系方式：liuxl@phei.com.cn，（010）88254538。

前言

聂爱国教授及其研究团队从 2007 年开始在贵州西部的晴隆县沙子镇进行金矿普查、详查地质找矿工作，通过详查地质工作，于 2010 年在晴隆县沙子镇一带的风化峨眉山玄武岩土壤中首次发现大型独立的锐钛矿床，通过大量基础地质工作，在对晴隆沙子锐钛矿成因机制研究过程中，在原晴隆沙子锐钛矿区又发现 Sc 的含量较高，经选矿试验研究发现：化学选矿法对矿石中 Sc 的选矿效果很好，在当前选冶技术条件下完全能利用，并圈定出 3 个独立钪矿体，矿石中 Sc_2O_3 平均品位 74.93×10^{-6}。经 2013 年 9 月贵州省国土资源厅及贵州省国土资源勘测规划研究院评审备案，晴隆沙子勘查区目前保有 Sc_2O_3 资源量（332+333）为 1747.37t，是一大型独立钪矿床。

晴隆沙子勘查区的勘查结果表明：晴隆沙子钪矿床既是一个独立的锐钛矿床，又是一个独立的钪矿床。这是贵州首次发现大型独立钪矿床，填补了贵州没有独立钪矿床的空白。

Sc 属于广义上的稀土元素，同时又是典型的分散元素，在地壳中非常稀散很难富集，主要以伴生矿产存在，极少形成独立矿床。纵观近年来国内外针对 Sc 的地球化学行为和富集规律等问题的研究，主要是从资源综合利用的角度来了解 Sc 的含量和回收，缺乏对 Sc 的来源、地球化学示踪、富集条件、成矿机制和远景找矿等方面的探索，在国内这方面工作更少，因此分散元素 Sc 的成矿是当今地学界重要的研究课题之一。

2016 年以来，澳大利亚在 Sc 的找矿方面有了重大突破，发现两个大型的红土型钪矿床，分别是 Nyngan 和 Syerston-Flemigton 矿床。目前我国仅在云南二台坡发现独立钪矿床，主要是通过二台坡富 Sc 玄武质母岩浆在岩浆结晶早期大量进入镁铁质硅酸盐矿物中，形成 Sc 的独立矿床，它是在基性超基性岩体中形成的原生钪矿床；而贵州晴隆沙子地区发现的独立钪矿床属于富 Sc 的峨眉山玄武岩通过漫长的风化作用，在风化壳中形成的残坡积钪矿床，这在国内尚属首例。

形成独立钪矿床需要什么样的大地构造背景？为什么贵州西部晴隆沙子一带可形成独立钪矿床？分散元素 Sc 形成独立钪矿床深部背景如何？形成独立钪矿

床的峨眉山玄武岩有怎样的特点？钪矿与锐钛矿的成因关系是什么？晴隆沙子一带 Sc 的赋存状态是什么？玄武岩风化成土对于 Sc 的富集有何深刻影响？该大型独立钪矿床形成机制如何？这些疑问必须得到合理的解释。基于此，特立相关研究课题。

本书能解答上述疑问，而且能进一步拓宽钪矿的找矿领域，扩大贵州找钪前景；同时该项研究丰富了分散元素 Sc 形成独立钪矿床的成矿理论，这项研究具有重大的理论价值和现实意义。

感谢我的导师聂爱国教授，他在本书撰写过程中给予了精心指导，从工作思路到最终撰写过程，聂爱国教授都花费了大量精力和时间给予启发性的引导和建议。更感谢聂爱国教授对我学习、生活中无微不至的关心和帮助，这常常让我感动不已，也激励我努力前进。

本书的完成要特别感谢贵州大学祝明金博士（现遵义市国土资源局高级工程师），贵州环能地质咨询有限责任公司浦仕宇工程师、姚荣松工程师，他们在我进行野外调查和取样的过程中给予了大力帮助，同时在部分图件的绘制上也给予了充分的技术指导。感谢贵州理工学院资勘教研室主任崔滔副教授、贵州理工学院张颖副教授、贵州理工学院资勘实验室主任张敏副教授，他们在本书撰写过程中提供了宝贵的意见和指导。

感谢中国科学院地球化学研究所中科院地球内部物质高温高压重点实验室、矿床地球化学国家重点实验室各位老师对我的悉心教导，使我在学到知识的同时也学到了中国科学院地球化学研究所各位老师的人格魅力和对学术的执着。各位老师做科研数年如一日，严谨认真、专心治学、刻苦钻研的学术态度，这使我受益匪浅。做研究的日子是孤独的，是艰辛的，但我们热爱这一切并携手一同执着地追求，这种科研精神足以时刻温暖我，使我继续坚持，感谢有你们无私的关心和鼓励。

本书的顺利完成，还要特别感谢我的妻子徐小红女士的默默支持，在面对困难和压力的一路上，谢谢你的耐心安慰与鼓励。

孙军
2018 年 8 月 28 日
于贵州理工学院

目录

第 1 章

绪　论

1.1　Sc 的发现与应用

钪在元素周期表中虽然是最靠前的过渡金属，用 Sc 表示，原子序数只有 21，但其发现相对较晚，一方面是因为它确实太罕见，非常稀散，很难富集，在地壳中的平均丰度为 17×10^{-6} [①]（黎彤，2011）；另一方面是因为在当时的实验条件下，它难以从矿石中被分离出来。不过 1869 年俄罗斯科学家门捷列夫（Дми́трий Ива́нович Менделе́ев，1834—1907）给出的第一版元素周期表中，就赫然在 Ca 元素的后面留有一个相对原子质量 45 的空位。后来门捷列夫将 Ca 元素之后的元素暂时命名为类硼（Eka-Boron），并给出了这个元素的一些物理化学性质，这是最早对 Sc 元素存在的预测。1879 年瑞典的化学家尼尔森（L. F. Nilson，1840—1899）和他在瑞典乌普萨拉大学的团队从在斯堪的纳维亚半岛的黑稀金矿（Euxenite）和硅铍钇矿（Gadolinite）中通过光谱分析发现了这个新的元素（McGuire，et al，1960；Smith R E，1973）——Sc（Scandium），其名称 Scandium 来自尼尔森的故乡斯堪的纳维亚半岛的拉丁文名称 Scandia。在此之后 Sc 的研究得到了较为系统的发展。

1883 年，Cleve 从钇铈榍石中制得了 Sc 的氧化物，并经提纯后，分别制得了 Sc 的硫酸盐、硝酸盐及草酸盐等化合物。

1937 年，Fisher 等采用熔盐法首次获得了比较纯（94%～98%）的金属 Sc。

1953 年，Iya 采用 $ScCl_3$ 过量 Mg 还原制备了 Mg-Sc 合金。

1956 年，Dempsey 等利用 ^{46}Sc 作为示踪剂。

1961 年，Matthias 等发现了 Sc_3In 的铁磁性。

1961—1962 年，Gschneidne 等研究了 Sc 与 Be、Bi、Cd、Ce、Mn、Ti 和 U 等金属形成的二元合金。

[①] 10^{-6} 是微量元素的常用表达单位，即克/吨（g/t）。后文不再赘述。

1962 年，Samsonov 等制备了硬度较大的物质 ScC-TiC。

1964 年，Liainikhov 发现 Sc 是 Al 最好的晶粒细化剂。

1965 年，Haymkhh 公布了第一幅 Al-Sc 相图，同时发现加入 0.5%的 Sc 可使 Al 的抗拉强度增加 50%。

1971 年，Willey 公布了第一个 Al-Sc 合金专利。

1973 年，Spedding 和 Croat 制备出纯度达 99.9%的 Sc。

纯的金属 Sc 有光泽，质地柔软，可直接轧成薄片。Sc 在不同的压力和温度下，可表现出不同的晶型，在常温至 1337℃，Sc 为六方晶格（α-Sc）；当温度超过 1337℃时，Sc 变为体心立方晶格（β-Sc）。Sc 在常态（室温，一个标准大气压）下不具有超导性，但是在高压下，Sc 会发生相变，从而具有超导性质，因此，Sc 在某些条件下，可以作为超导材料。当在 Sc 中加入高电价金属和非磁性杂质时，金属 Sc 的磁化率会降低，但加入铁等磁性杂质时，其磁化率则增加，Sc 在真空和 1400～1450℃时极易挥发。高纯度金属 Sc 具有良好的加工性能，但含有 O 元素或其他非金属杂质元素时，Sc 则加工困难。在有惰性气体保护下，可采用电弧焊点焊的方法对 Sc 进行焊接。Sc 的主要物理性质见表 1.1。

表 1.1 Sc 的主要物理性质

物理性质	数　值	物理性质	数　值
晶体密度（0℃）/（g/cm³）	2.989	气化焓/（kJ/mol）	332.7
液态密度（1541℃）/（g/cm³）	2.8	比热容（25℃）/[J/（mol·K）]	25.51
摩尔体积/（mol/cm³）	15.039	热导率（25℃）/[W/（m·K）]	15.8
表面张力/（N/m）	$954×10^{-3}$	线膨胀系数（25℃）/K⁻¹	$10.2×10^{-6}$
蒸气压（1002℃）/Pa	$9.13×10^{-9}$	电阻率（25℃）/Ω·m	$55×10^{-8}$
熔点/℃	1541	质量磁化率（25℃）/（m³/kg）	$8.8×10^{-8}$
沸点/℃	2831	金属光泽	银白色
熔化焓/（kJ/mol）	14.1		

Sc 的化学性质非常活跃，金属 Sc 在空气中极易与 O_2、水、卤素及 CO_2 等发生反应，在空气中 Sc 的表面生成氧化膜，从而阻碍金属被进一步氧化，但超过 250℃会剧烈氧化，潮湿的空气会加速 Sc 的氧化过程。Sc 在室温下即与卤素反应，但与 N、P、As 的反应需要稍高的温度，而与 C、Si、H 的反应则需要更高的温度。Sc 易溶于各种酸溶液中，但是在铬酸中由于生成铬酸盐层而导致反应较慢，Sc 在盐酸和硫酸中的溶解速率相同，在 0.05～1mol/L 盐酸溶液中 Sc 的溶解速率很快并随着酸度的降低而减慢。

钪的毒性小于 Hg、La、In 和 Cd，但强于 Al、Y 和 Na，Sc 的氯化物有一定毒性，Sc 还可能致癌，Sc 一旦被动物吸收到体内，则很难排出，最终会积聚在肝脏和肾脏中。

Sc 因其自身特殊物理、化学性质，已用于制备 Al-Sc 合金、燃料电池、钪钠卤灯、示踪剂、激光晶体等产品，在特种钢铁、有色合金、高性能陶瓷、催化剂等领域有着广阔的应用前景（张玉学，1997；朱敏杰等，2006；徐刚，2007；Shalomeev et al，2008；Guo, et al，1988；Hedrick，2010；Irvine, et al，2005）。当前众多应用中，Al-Sc 合金、燃料电池和钪钠卤灯对 Sc 产品的需求量最大。Sc 在新材料中的应用情况如表 1.2 所示。

表 1.2　Sc 的应用领域

序号	应用领域	作用和效果
1	Al-Sc 合金	Al 中加入 Sc 可有效提高合金的性能，强度、硬度、耐热性、耐腐蚀性和焊接性等有明显提高
2	固定燃料电池	Sc_2O_3 稳定铈锆粉作为固体氧化物燃料电池电解质材料，实现了在低温条件下高电导率，改善了电池性能
3	激光材料	加入 Sc 后的新型钇镓钪激光材料其发射功率可提高 2~4 倍，在军工领域获得较好使用
4	电光源材料	钪钠卤素灯是高压蒸气因电弧放电而发光，具有亮度高、光色好、节电、寿命长、破雾能力强等优点
5	特种钢和有色合金	Sc 可显著改善钢铸件性能；Sc 可显著提高 Ni、Gr 和 W 基耐热高温合金抗氧化性；Sc 可大幅提高高铬合金的焊缝拉伸强度
6	其他材料领域	钇铁石榴石加入少量 Sc 可改进其磁性；Sc_4C_3 是耐高温材料，可用于半导体器件等

1. 新型电光源材料和光学材料

Sc 作为电光源材料，用碘化钪（ScI_3）和钪箔制成的金属卤化灯——钪钠灯，早已进入商品市场。该灯是一种卤化物放电灯，在高压放电下，充有 NaI/ScI_3 管内的 Na 原子和 Sc 原子受激发，当从高能级的激发态跳回到较低能级时，就辐射出一定波长的光。Na 的谱线为 589~589.6nm 的黄色光，Sc 的谱线为 361.3~424.7nm 的近紫外和蓝色光，Sc、Na 两种谱线匹配恰好接近太阳光。回到基态的 Sc、Na 原子又能与碘化物化合成，这样循环可在灯管内保持较高的原子浓度并延长使用寿命。一盏相同照度的钪钠灯，比普通白炽灯节电 80%，使用寿命长达 5000~25000h。正是由于钪钠灯具有发光效率高、光色好、节电、使用寿命长和破雾能力强等特点，使其可广泛用于电视摄像和广场、体育馆、公路照明等，被称为第三代光源。美国卤化灯的普及率已超过 50%，每年产高压钠灯超过 1000 万只，日本的产品也超过 1000 万只，Sc 的用量达 40kg 以上。我国在这方面起步较晚，但也已实行了"大换灯"计划。全球性的卤化灯的发展和普及正在日益扩大，对 Sc 的需求量也将变得更加迫切。

将纯度为 99.9%~99.99% 的 Sc_2O_3 加入钇镓石榴石（GGG）制得钇镓钪石榴石（GSGSS），后者的发射功率较前者提高了 3 倍。GSGG 可用于反导弹防御系统、军事通信、潜艇用水下激光器及工业各领域，主要应用者为美国和日本。

含 Sc_2O_3 的 $LiNbO_3$ 晶体的二次光折射率降低，适于制造参数频率选择器、波导管和光导开关。在光学玻璃、硅酸盐玻璃和硼玻璃中添加 Sc，可以提高玻璃的折射指标，改善反射性能。氟化钪玻璃可以制作光谱中红外区光导纤维。

2. 新型含 Sc 合金材料

Sc 对铝合金具有非常神奇的合金化作用，在 Al 中只要加入千分之几的 Sc 就会生成 Al_3Sc 新相，对铝合金起变质作用，使合金的结构和性能发生明显变化。加入 0.2%～0.4%Sc 可使合金的再结晶温度提高 150～200℃，且高温强度、结构稳定性、焊接性能和抗腐蚀性能均明显提高，并可避免高温下长期工作时易产生的脆化现象。

通过添加微量 Sc 有希望在现有铝合金的基础上开发出一系列新一代铝合金材料，如超高强高韧铝合金、新型高强耐蚀可焊铝合金、新型高温铝合金、高强度抗中子辐照用铝合金等，在航天、航空、舰船、核反应堆及轻型汽车和高速列车等方面具有非常诱人的开发前景。据报道，在该方面研究最早、最深入的俄罗斯已经开发出了一系列性能优良的铝合金，并正在走向推广应用和工业化生产。1420 合金已广泛用作米格-29、米格-26 型飞机，图-204 客机及雅克-36 垂直起落飞机等的结构件。1421 合金还以挤压异形材的形式用于安东诺夫运输机机身的纵梁。此外，美、日、德和加拿大及中国、韩国等也相继展开对钪合金的研究。近几年，美国已将 Sc-Al 合金用于制造焊丝和体育器械（如棒球和垒球棒、曲棍球杆、自行车横梁等），Sc-Al 合金制造的棒球棒和垒球棒已在多项世界大赛及夏季奥运会的比赛中得到使用。

由于 Sc 的熔点（1540℃）远比 Al 的熔点（660℃）高，但 Sc 的密度（$2.989g/cm^3$）与 Al 的密度（$2.7g/cm^3$）相近，曾考虑用 Sc 代替 Al 作为火箭和宇航器中的某些结构材料。美国在研究宇宙飞船的结构材料时要求在 920℃下材料还应具有较高的强度和抗腐蚀稳定性，且密度要小，而 Sc-Ti 合金和 Sc-Mg 合金是具有熔点高、密度小和强度大等特点的理想材料之一。Sc 也是 Fe 的优良改化剂，少量 Sc 可显著提高铸铁的强度和硬度。Sc 也可用作高温 W 和铬合金的添加剂。

3. 特种陶瓷

Sc_2O_3 比其他具有类似特性的金属氧化物的价格要高得多，因而在陶瓷中应用得并不很普遍。然而，Sc_2O_3 以其独特的性质在一些高级陶瓷中具有特殊用途，其中最突出的是作为 ZrO_2 的稳定剂和 Si_3N_4 的致密助剂，以及用于合成特定铁电陶瓷。此外，Sc 也可用来对 SiC 及 AlN 进行改性。

1）ZrO_2 稳定剂

ZrO_2 基电解质用作许多电化学器件。ZrO_2 中加入一些特定氧化物可以稳定其立方相或四方相而形成 O^{2-} 空穴。在一定温度和 O_2 分压范围内这种电解质的 O^{2-} 电导有很大增加,可用来开发氧传感器。这种氧传感器可用于冶金工业燃烧过程的监控及用作固体氧化物燃料电池(SOFC)。燃料电池是一种直接将燃料能转化为电能的新型电池,具有很高的能量转化率,被认为是 21 世纪的新能源之一,对克服人类所面临的能源危机具有重大意义。SOFC 是继磷酸盐燃料电池和熔融碳酸盐型燃料电池后发展起来的第三代全固态化电池,具有高可靠性、高的能量质量比和能量体积比、构造简单和污染少等优点,已成为各国竞相发展的重点对象。

目前的固体电解质多采用 8mol%Y_2O_3 作为稳定剂的 ZrO_2(YSZ),1000 ℃时的电导率为 0.16S/cm。6mol%~10mol%的 Sc_2O_3 可以稳定 ZrO_2 的立方相,在 800~1000℃产生很高的离子电导率。Sc_2O_3 作稳定剂的 ZrO_2(SSZ)电解质中,当含量为 8mol% Sc_2O_3 时具有最大的 O^{2-} 淌度,1000 ℃时的电导率为 0.38S/cm。四方相 Sc_2O_3 稳定的 ZrO_2(2.9mol% Sc_2O_3)的电导率也比 Y_2O_3 或 ZrO_2(YSZ)的要高。有人对 SSZ(11mol% Sc_2O_3)在 1000℃进行了 2000 小时的测试,发现这种电解质的电导率稳定在 0.31S/cm。Al_2O_3 颗粒在 SSZ 表面的分散会降低其离子电导,却使其弯曲强度增加了 40%~50%,从而更适合于开发 SOFC。日本研制的平板 SOFC,以 SSZ(8mol% Sc_2O_3)替代 YSZ(8mol% Sc_2O_3),使 SOFC 的功率密度提高到 1.6W/cm^3,为后者的 1.5~2 倍,明显提高了 SOFC 的可用性。SSZ 很少在高于 1100~1200℃的温度下使用,此温度下它的电导率和机械性能会随时间而降低。

基于四方氧化钪稳定的氧化锆氧传感器已实现商业化,应用于一些现场控制,但尚未得到广泛使用。SSZ(4.5mol% Sc_2O_3)用于气体涡轮机和柴油发动机的热绝缘涂层时,表现出良好的抗腐蚀性。SSZ 以其相对低密度、低蒸气压及固相稳定性等特点而成为一种很有前途的结构材料。

2)Si_3N_4 致密助剂

在 Si_3N_4 中添加 Sc_2O_3 作为增密剂与添加其他氧化物相比,可以提高其高温机械性能。这种 Sc_2O_3 致密的 Si_3N_4(Sc_2O_3-Si_3N_4)在干燥或潮湿环境中还具有很高的抗氧化性。Sc_2O_3 还是 Si_3N_4 的良好烧结助剂,它不易生成四价金属和硅的氮氧化物,从而避免了因氧化膨胀而导致的开裂。这种优异的高温抗变形性,可归结于在细小颗粒的边缘生成了难熔相 $Sc_2Si_2O_7$。在室温和 1370℃下进行快速断裂抗扰试验,Sc_2O_3-Si_3N_4 的快折断强度分别为 748MPa 和 496MPa,比其他稀土致密的 Si_3N_4 的快折断强度大得多。而且,Sc_2O_3-Si_3N_4 的抗蠕变性的数值比 MgO-Si_3N_4 高一到两个数量级。Sc_2O_3-Si_3N_4 在 1300℃的空气中氧化 100h 的质量变化仅为 0.1%,

仅为相同条件下 Y_2O_3-Si_3N_4 的一半。钪 SiAlON（β′-Sc-Si-Al-O-N））陶瓷也具有良好的抗氧化性。

3）铁电陶瓷

Sc_2O_3 可用于制造基于张弛振荡器的铁电陶瓷：钽酸铅钪 $PbSc_{0.5}Ta_{0.5}O_3$（PST）和铌酸铅钪 $PbSc_{0.5}Nb_{0.5}O_3$（PSN）。PSN 具有大的机电耦合指数和高的介电常数，是一种可用于转换器的很有前途的材料。PST 在偏压作用下呈现反热电效应，可用于热量的探测器。

4. 电子及电磁学材料

Sc 作为氧化物阴极的激活剂用于电子阴极管，可大大增加热电子发射，提高电子管阴极寿命，从而适应当前显像管、显示管、投影管向高清晰度、高亮度、大型化方向发展的需要。日本三菱、东芝、日立、松下等公司都在竞相开发新型彩色显像管阴极。这种涂有钪层的新型阴极，使用寿命长达 3 万小时，为一般阴极的 3 倍，且画面明亮，清晰度高，图像也更鲜明。

Sc_2Se_3 和 Sc_2Te_3 是半导体材料，Sc_2S_3 可作热敏电阻和热电发生器，ScB_6 可作电子管阴极，Sc_2O_3 单晶用于仪器制造。Sc 的倍半亚硫酸盐以其熔点高、空气中蒸发压力小的特点，在半导体应用上引起人们极大兴趣。用 Sc_2O_3 取代铁氧体中部分 Fe_2O_3，可提高矫顽力，从而使计算机记忆元件性能提高。少量 Sc 加到钇铁石榴石中可改进磁性。Sc 代替 Fe 使其磁矩和磁导增强，并使居里温度降低，有利于在微波技术中应用。Sc 和稀土元素可用于制高质量铁基永磁材料。Sc-Ba-Cu-O 系超导材料，实验临界温度达 98K。

5. 能源和放射化学

金属 Sc 热稳定性好，吸氟性能强，已成为原子能工业不可缺少的材料。用 Sc 片制成的氟钪靶装在加速器中，可进行各种核物理实验；装在中子发生器中可产生高能中子，是活化分析、地质探矿等的中子源。由于 Sc 原子半径与 Po 相似。它可作富 δ 相的稳定剂。在高温反应堆 UO_2 核燃料中加入少量 Sc_2O_3 可避免 UO_2 变成 U_3O_8，发生晶格转变、体积增大和出现裂纹。Sc 经过照射产生放射性同位素 [46]Sc 可作为 γ 射线源和示踪原子而用于科研和生产各个方面，医疗上用它治疗深部恶性癌瘤。Sc 的氘化物（ScD_3）和氚化物（ScT_3）用于铀矿体探测器元件。在金属-绝缘体-半导体硅光电池和太阳能电池中，Sc 是最好的阻挡金属，其效率为 10%～15%，AgO 碱性蓄电池的 AgO 阴极中加 Sc_2O_3 可防止高温蓄电时 AgO 分解释出氧并改进电池效率。

6. 催化剂

石油工业是目前工业上应用 Sc 较多的部门之一。含 Sc_2O_3 的 Pt-Al 催化剂用于重油氢化提净,精炼石油。Sc_2O_3 可用于乙醇或异丙醇脱水和脱氧、乙酸分解,由 CO 和 H_2 制乙烯,由废盐酸生产氯气,以及 CO 和 N_2O 氧化等的催化剂。活性氧化铝浸渍 $ZrO(NO_3)_2$、$Sc(NO_3)_3$、H_2PtCl_6 和 $RhCl_3$ 后煅烧所制得催化剂,可用于净化汽车尾气等高温废气。在异丙基苯裂化时,ScY 沸石催化剂比硅酸铝的活性大 1000 倍。

Sc 被称为高新科技金属元素,与 Sc 相关的产品被广泛应用于国防、冶金、化工、玻璃、航天、核技术、激光、电子、计算机电源、超导及医疗科学等领域,因此,Sc 被美国、欧盟、日本及印度等国家和地区视为战略性资源。而根据中国智能制造战略规划,Sc 产品与我国拟大力发展的节能环保、新一代信息技术、生物产业、新能源、新材料产业息息相关。

1.2 Sc 的基本地球化学性质

钪,元素符号 Sc,原子序数为 21,在元素周期表中位于第 4 周期的第一个过渡元素,属于ⅢB 族,外围电子排布 $3d^14s^2$,其最外层电子的排布方式与镧系元素最外层电子的排布方式相似,所以 Sc 与元素周期表中位于第 5 周期的第一个过渡元素 Y 在化学性质上和 15 个镧系元素有着一定的相似性,在一些文献著作中,常常把 Sc 和 Y 也作为稀土元素进行分析和讨论。其基本的地球化学参数列于表 1.3 中。

表 1.3 钪的地球化学参数

元素	原子序数	相对原子质量	原子体积/（cm^3/mol)	原子密度	熔点/℃	沸点/℃
Sc	21	44.96	15	2.985	1541	2836
电负性	离子半径/Å	离子电位/（Z/R)	电离势/eV	电子构型		电价
1.36	0.745	4.02（+3)	6.54	$1s^2s^2p^63s^2p^6d^14s$		3

尽管 Sc 的人工放射性同位素有 11 种,但其半衰期很短,从几秒到几天不等,所以 Sc 在自然界中只有一种稳定的同位素 ^{45}Sc。Sc 的核素宇宙丰度为 2.8($Si=10^6$)（Suess and Urey, 1956),Sc 在 I 型碳质球粒陨石、太阳光球及日冕丰度分别为 35、30 和 315 ($Si=10^6$)（Trimble, 1975)。1981 年,Palme 等人根据 I 型碳质球粒陨石和太阳光球的元素丰度,计算了初始太阳星云的元素丰度和初始太阳星云的核素元素丰度,Sc 的初始太阳星云丰度值 35 ($Si=10^6$),^{45}Sc 的初始太阳星云核素丰度为 34.2 ($Si=10^6$)。根据均一星云的平衡凝聚模型假说（Ganapathy and Anders, 1974),太阳星云中的分馏凝聚过程依次为:早期富钙铝和其他难熔元素的分馏;铁镍金属与含镁硅酸盐的分馏;碱金属硅酸盐的凝聚与 H_2S 和 H_2O 的反应形成 FeS 和 FeO 等阶段。挥发性相近的元素在这些过程中具有相似的性质,选择 4 个

具有代表性的元素丰度，如 U、Fe、K、Ti，可计算 83 种元素在星云不同区域内凝聚而形成的行星化学成分，依此计算的 Sc 在水星、金星、地球和火星的丰度分别为 $7.4×10^{-6}$、$10.1×10^{-6}$、$9.6×10^{-6}$ 和 $19.0×10^{-6}$（Ganapathy and Anders，1974）。

Sc 在原始地幔中的丰度为（13~15）$×10^{-6}$，在洋壳中的丰度为 $38×10^{-6}$，整个陆壳中的丰度为 $30×10^{-6}$，其中下陆壳中的丰度为 $36×10^{-6}$，上陆壳中的丰度为 $11×10^{-6}$（Taylor and Mclennan，1985）。Sc 在上陆壳的平均丰度与 P、Sr、Sn、Ge、As、Se 和 W 的丰度相当，但其分布极为分散，是典型的稀散亲石元素。

Sc 在整个地球岩石圈中的分布都较为稀散，这是由于 Sc 的晶体化学和地球化学性质与 Fe^{2+} 和 Mg^{2+} 相似，故在超基性和基性岩成岩阶段，主要以类质同象形式分散在铁镁矿物中，特别是分散于辉石、角闪石和黑云母类矿物中，致使 Sc 趋于分散状态（赵长有，1987）。所以其富集与基性岩、超基性岩的大规模产出有着密切联系，基性岩中 Sc 要明显高于中性岩或酸性岩，故它们的风化土壤中 Sc 的背景值也应相对较高。在岩浆作用过程中，主要的造岩暗色矿物 Sc 有比较集中的分布，尤其在辉石、角闪石、黑云母较为明显。在酸性和中性岩中，Sc 普遍低于其在地壳中的平均丰度，甚至一些碱性岩浆岩几乎不含 Sc，而大多数的稀土元素的富集都与酸性或者碱性岩浆岩关系密切，这与 Sc 的形成背景正好相悖，因此 Sc 与其他稀土元素往往不共生产出。

在沉积岩中，Sc 主要是相对富集于一些风化红土中，在泥岩、黏土岩、硬砂岩、泥质岩中氧化钪（Sc_2O_3）的含量通常在（10~25）$×10^{-6}$（刘英俊，1984），而在碳酸盐岩或者非泥质砂岩中通常 Sc 含量都非常低，小于 $10×10^{-6}$。在普通沉积岩中，Sc 与 Al 和 Fe 常常富集于泥质岩中，在一些氧化铁矿中，Sc 甚至高达（10~100）$×10^{-6}$，含 Ni 红土矿、含 Ti 磁铁矿等也发现有较高的 Sc 富集。在变质作用中，Sc 的地球化学行为目前来说研究较少，在一般情况下，Sc 在变质岩中的含量都超过其在岩石圈的平均丰度值，有文献资料记录，某些煤和沥青中 Sc 常与 Ge、Ga 和其他元素共存，褐煤和炼焦变质煤中含氧化钪（Sc_2O_3）甚至高达（20~30）$×10^6$（易宪武等，1992）。

● 1.3　Sc 的矿物学特征及赋存状态

1.3.1　Sc 的矿物学特征

目前，所有已知含 Sc 的矿物多达 800 多种，但作为 Sc 的独立矿物却只有钪钇矿$(Sc,Y)_2Si_2O_7$、水磷钪矿 $Sc(PO_4)·2H_2O$ 和硅铍钪矿 $Be_3(Sc,Al)_2Si_6O_{18}$ 等 12 种（见表 1.4）。

表 1.4 钪的独立矿物

序号	中文名称	英文名称	化学式	% Sc	典型产地	寄主岩石
1	钪钇矿	Thortveitite	$(Y,Sc)_2Si_2O_7$	34.84	挪威	花岗伟晶岩
2	磷钪矿	Pretulite	$ScPO_4$	32.13	澳大利亚	石英脉
3	水磷钪矿	Kolbeckite	$ScPO_4·2H_2O$	25.55	德国	磷酸盐矿床
4	钪霓辉石	Jervisite	$NaScSi_2O_6$	19.02	意大利	花岗伟晶岩
5	钙钪榴石	Eringaite	$Ca_3Sc_2(SiO_4)_3$	18.52	俄罗斯	异剥钙榴岩
6	硅铍钪矿	Bazzite	$Be_3Sc_2Si_6O_{18}$	15.68	意大利	花岗伟晶岩
7	钽钪矿	Heftetjernite	$ScTaO_4$	15.51	挪威	花岗伟晶岩
8	水磷钪钙镁石	Juonniite	$CaMgSc(PO_4)(OH)·4H_2O$	15.32	俄罗斯	碳酸岩
9	硅钙钪石	Cascandite	$CaScSi_3O_8(OH)$	14.30	意大利	花岗伟晶岩
10	钪硅铁灰石	Scandiobabingtonite	$Ca_2(Fe^{2+},Mn)ScSi_5O_{14}(OH)$	7.28	意大利	花岗伟晶岩
11	硅锡钪钙石	Kristiansenite	$Ca_2ScSn(Si_2O_7)(Si_2O_6OH)$	5.25	挪威	花岗伟晶岩
12	钪整柱石	Oftedalite	$(Sc,Ca)_2KBe_3Si_{12}O_{30}$	4.44	挪威	花岗伟晶岩

（1）钪钇矿：含 Sc_2O_3 量为 33.8%～42.3%，莫氏硬度 6～7，相对密度 3.58，灰绿到近黑色，单斜晶系，与独居石等矿物共存于伟晶岩中，目前只在挪威、马达加斯加及俄罗斯少数几个国家产出。

（2）水磷钪矿：含 Sc_2O_3 量为 25.55%，莫氏硬度 4，相对密度 2.35，深蓝到铅灰色，单斜晶系，水磷钪矿的变体是硅磷铍矿，部分 Sc 被铍和 Ca 置换。水磷钪矿主要在美国和德国产出。

（3）硅铍钪矿：含 Sc_2O_3 量约为 15.68%，莫氏硬度 6.5～7，相对密度 2.77，呈蓝色六角形晶体，仅在意大利、瑞典及苏联存在，但量很少。

这些独立矿物在自然界中十分罕见，资源量有限，工业意义不大。

相反，Sc 以类质同象杂质形式存在的矿物则比较普遍，6 次配位的 Sc 的离子半径为 0.074nm，其半径与二价铁离子（Fe^{2+}，0.078nm）、二价镁离子（Mg^{2+}，0.072nm）、三价钇离子（Y^{3+}，0.090nm）及四价锆离子（Zr^{4+}，0.072nm）的离子半径相近（见表 1.5），因此 Sc 能置换上述元素，生成同价的或者异价的类质同象，已有的资料表明，富 Sc 的矿物一般与含 Zr、Fe、Mg 及稀土的矿物有关。如俄罗斯的 Kovdor 斜锆石-磁铁矿-磷灰石钪矿床中，Sc 在斜锆石（ZrO_2）中的含量可以达到 $650×10^{-6}$，而在钛锆钙石[$(Ca,Ce)Zr(Ti,Fe,Nb)_2O_7$]的含量平均为 $208×10^{-6}$（Kalashnikov, et al., 2016）。Sc 亦可进入黑钨矿[$(Fe,Mn)WO_4$]和锡石（SnO_2）中，德国 Erzgebirge 地区花岗岩型钨锡矿床中，Sc 在黑钨矿和锡石中的含量平均为 $1000×10^{-6}$ 和 $2500×10^{-6}$。Sc 在铌钽矿物[$(Fe,Mn)(Nb,Ta)_2O_6$]和锡铁钽矿[$(Ta,Nb,Sn,Mn,Fe)_4O_8$]中的质量分数可以达到 2%（Wise, et al, 1998），挪威 Tørdal

富 Sc 伟晶岩中，锡铁钽矿中的 Sc 质量分数甚至可以达到 12%（Bergstøl and Juve，1988）。钛铁矿和钛铁金红石同样可以高度富集 Sc，在挪威 Iveland-Evjie 地区的花岗伟晶岩中，钛铁矿和钛铁金红石的 Sc 含量分别达到了 1000×10^{-6} 和 2000×10^{-6}。

表 1.5 Sc 及其近似元素的地球化学常数

元　素	原子序数	离子电荷	相对原子质量	离子半径/Å（6 次配位）	离子势（Z/R）	电负性
Mg	12	2+	24.31	0.72	2.78	1.23
Al	13	3+	26.98	0.53	5.60	1.47
Ca	20	2+	40.08	1.00	2.00	1.04
Sc	21	3+	44.96	0.74	4.02	1.20
Fe	26	2+	55.85	0.61（Ls） 0.78（Hs）	3.28 2.57	1.64
Y	39	3+	88.91	0.90	3.34	1.11
Zr	40	4+	91.22	0.72	5.55	1.22
Sn	50	4+	118.71	0.69	5.60	1.96
La	57	3+	138.91	1.03	2.91	1.08

一些铁镁造岩矿物，包括黑云母、角闪石及辉石，尤其是单斜辉石，可以高度富集 Sc，甚至可以作为 Sc 的矿石矿物，如我国白云鄂博铁–稀土–铌矿床和乌克兰 Zhovti Vody 矿床中的单斜辉石。上述矿床中的单斜辉石可以含（200～400）$\times 10^{-6}$ 的 Sc，局部区域单斜辉石中 Sc 的质量分数甚至可以达到 1%。

1.3.2 Sc 的赋存状态

经过大量有关钪矿的资料收集和整理，Sc 在矿物中的赋存状态，大致可分为 3 种。

第 1 种是以类质同象的形式赋存于矿物内。早在 20 世纪 30 年代，挪威地球化学家戈尔德施密特（V. M. Victor Moritz Goldschmidt，1888—1947）就对 Sc 地球化学进行过大量的研究工作，并建立 Sc 在地球上分配的一些理论，他认为 Sc^{3+} 与 Fe^{3+} 和 Mg^{2+} 的类质同象极其重要，是否能在矿物中发生类质同象，主要取决于它对其他共存大量元素的某些性质的综合相似性。Sc^{3+} 的离子半径和配位数，以及电负性等特性使它与许多其他离子进行类质同晶置换（Weast Robert C，et al，1978）。在之后的几十年中，大量的研究成果表明 Sc^{3+} 与其他具有综合相似性的离子的确会存在多种样式的类质同象，按照类质同象的离子是否同价可以分为两类：

硬碱，如 OH^-，F^-，PO_4^{3-} 及 Cl^- 等阴离子，酸碱反应规律为：硬酸优先于硬碱结合，软酸优先与软碱结合。因此，Sc 易与 OH^- 和 F^- 等形成稳定的络合物，其络合常数如表 1.6 所示。Sc^{3+} 与 OH^+ 的络合常数随温度增加略有增加。目前，缺少 Sc^{3+} 与 F^+ 络合的高温数据，同时，钪与其他阴离子络合的数据也比较缺乏。

表 1.6　Sc 的 OH^- 和 F^- 络合常数

温度/℃	络合物	络合常数（log）	参考文献
25	$ScOH^{2+}$	10.0	Baes and Mesmer，1976；Wood and Samon，2006
25	$Sc(OH)_2^+$	18.3	Baes and Mesmer，1976；Wood and Samon，2006
25	$Sc(OH)_3^0$	25.9	Baes and Mesmer，1976；Wood and Samon，2006
25	ScF^{2+}	7.0	Wood and Samon，2006
25	ScF_2^+	12.8	Wood and Samon，2006
25	ScF_3^0	17.1	Wood and Samon，2006
100	$ScOH^{2+}$	9.8	Shock，et al，1997
200	$ScOH^{2+}$	10.2	Shock，et al，1997
300	$ScOH^{2+}$	11.3	Shock，et al，1997
100	$Sc(OH)_2^+$	18.3	Shock，et al，1997
200	$Sc(OH)_2^+$	18.8	Shock，et al，1997
300	$Sc(OH)_2^+$	20.6	Shock，et al，1997
100	$Sc(OH)_3^0$	26.0	Shock，et al，1997
200	$Sc(OH)_3^0$	26.7	Shock，et al，997
300	$Sc(OH)_3^0$	29.1	Shock，et al，1997

pH 值对 Sc 离子在水溶液中的溶解度有重要影响，随着 pH 值的增加，Sc 在溶液中的溶解度极大降低，在 pH 值为 5 时，水溶液中 Sc 的溶解度约为 1×10^{-6}，当 pH 值增加到 7 时，Sc 的溶解度仅为 0.01×10^{-6}，降低了 100 倍。由于天然水具有弱酸性、中性或者弱碱性，因此，Sc 在表生水溶液中或呈络离子形式搬运，或呈吸附状态。

Sc 的盐基性较 Al 的强，因此 $Sc(OH)_3$ 从水溶液中沉淀晚于 $Al(OH)_3$。与 Sc 相近的元素在表生带的活动顺序为 Al>Sc>Y>Ce，因此在碱性环境中常有 Ce、La 等元素沉淀，而少有 Sc 存在。

● 1.6　（含）Sc 的矿床类型

目前，虽然国内外不断有新闻报告有钪矿床的发现，但是有工业价值的独立钪矿床甚少，在 2010 年出版的《矿产资源工业要求手册》甚至指出："Sc 无独立矿床存在""钪主要在精矿中提取，因而对矿石中钪含量有多少计算多少"，廖春生等人认为离子吸附型稀土矿中有较大规模的 Sc 富集，Sc_2O_3 在（20～50）×10^{-6} 之间，为伴生钪矿床 [Sc 为（13～32）×10^{-6}]，若大于 50×10^{-6} 则被认为属于独立钪矿床（廖春生等，2001）。

全世界的 Sc 存量约为 2000kt，其中 90%～95%赋存于铝土矿、磷块岩及钛铁矿中，少部分在 U、Th、W、稀土矿石中。中国、俄罗斯、乌克兰、美国、澳大利亚、马达加斯加及挪威等国均有丰富的钪矿资源，但钪矿床类型却不尽相同。已知的钪矿床类型如下（见表 1.7）：

（1）碱性–超基性岩型磷、稀土、稀有（Sc）矿床。
（2）碳酸岩型铌（Sc）矿床。
（3）伟晶岩型铍、铌（Sc）矿床。
（4）热液型铀（Sc）矿床和钨、锡、钼（Sc）矿床。
（5）沉积型铀（Sc）矿床，铝土矿（Sc）矿床，磷块岩（Sc）矿床。
（6）风化淋滤型磷酸盐岩（Sc）矿床。
（7）红土型钛、镍、钪矿床。

1.6.1　欧洲的钪资源

在俄罗斯的科拉半岛，这座以世上最大的地上钻孔——科拉超深钻（Kola Superdeep Borehole）而闻名于全球的地区，由于上一次冰河时期将泥土上层的沉积层带走，科拉半岛表面有极丰富的矿石及矿物质，诸如磷灰石、铝资源、铁矿石、云母、陶瓷原料、钛矿、金云母和蛭石，以及其他较少有的有色金属矿产。科拉半岛中磷灰石含 Sc 量为 16×10^{-6}，整个矿床 Sc 的总体储量可达 16kt。在半岛上，风化淋滤型稀土磷酸盐矿石含有非常高的 Sc，沉积型铝土矿、与碱性–超基性岩有关的风化淋滤型稀土磷酸盐矿床和一些钛铁矿床是最重要的含钪矿床类型。

俄罗斯的 Kovdor 斜锆石–磁铁矿–磷灰石矿床含有 420t 的 Sc_2O_3，Sc_2O_3 的平均品位为 800×10^{-6}（Kalashnikov, et al, 2016）。该矿床赋存于一个筒状侵入体中，侵入体具有明显的分带，从外到内，分别为橄榄石–磷灰石位置的磁铁橄榄岩（外带）、贫碳酸岩的磁铁橄榄岩（中间带）和富碳酸岩的磁铁橄榄岩及碳酸岩（内带）（Liferovich, et al, 1998；Kalashnikov, et al, 2016）。在此矿床中，含 Sc 的矿物包括斜锆石、烧绿石、钛锆钙石、水磷钪钙镁石及钛铁矿，但具有经济价值的矿石矿物主要为斜锆石，斜锆石中的 Sc 含量从外带到内带逐渐增加，从外带到中间带再到内带，斜锆石中 Sc 的含量分别为 275×10^{-6}、305×10^{-6} 和 700×10^{-6}。然而，在碳酸岩脉中，斜锆石中 Sc 最高可以达到 970×10^{-6}。尽管斜锆石具有岩浆成因特征，但 Sc 的高度富集机制还不清楚，Sc 可能通过下列置换方程进入斜锆石中：$Nb^{5+}+Sc^{3+}=2Zr^{4+}$。

表 1.7　Sc 的主要矿床类型

矿床类型		赋矿岩石类型	主成矿元素	主要含 Sc 矿物	产地	备注
内生矿床	基性超基性岩型	磁铁辉石岩、含橄辉石岩、暗色辉长岩、角闪辉长岩及部分闪长岩	Sc，含低品位 Fe	透辉石、角闪石、单斜辉石和锆石	中国云南	独立钪矿床
	花岗伟晶岩型	花岗伟晶岩	Sc，Y	钪钇矿、硅铍钇矿	挪威、马达加斯加	独立钪矿床
		与 Fe、Nb、Ta 有关的伟晶岩	Ni，Ta，Fe，Zr	锆钇矿、褐帘石	芬兰、马尔加什	伴生矿床
		与基性超基性岩有关的伟晶岩	W，Mn，Fe，Sn	钨锰矿、锡石、锆石	塞瓦里耗、乌克兰	伴生矿床
			Ti，Fe，稀土元素	铁硅钇矿、黑稀金矿-复稀金矿等稀土硅酸盐矿物、钛铀矿、铁钇矿、绿硅钇矿、硅铍钇矿、白云母	苏联卡累利亚，莫桑比克，马达加斯加	伴生矿床
	气成热液型 钠长石化花岗岩	花岗斑岩、细晶岩	稀土元素	铌铁矿、锆钇矿、褐钇铌矿、斜锆石、锆石、磷灰石	苏联、哈萨克斯坦	伴生矿床
	云英岩型及与花岗岩型有关的石	花岗斑岩、细晶岩、其他硅酸铝盐类	W，Sn	黑钨矿、锡石、锆钇矿、绿柱石、铁白云母	中国浙江、苏联、哈萨克斯坦	伴生矿床
	高温石英脉型	花岗岩及与围岩接触带	W，Sn	黑钨矿、锡石、铌钽铁矿、硅铍钇矿、绿柱石	中国江西、福建	伴生矿床
	矽卡岩型	花岗岩及灰岩接触带	Ti，Fe	钛铁矿-磁铁矿、绿柱石、铁白云母、透辉石、透闪石、石榴石	中国福建、美国新泽西州、苏联、哈萨克斯坦	伴生矿床

（续表）

矿床类型		赋矿岩石类型	主成矿元素	主要含Sc矿物	产地	备注
内生矿床	气成热液型					
	碳酸岩	与碱性-超基性岩有密切关系的碳酸岩	Fe, Nb, 稀土元素	烧绿石、铌铁矿、锆石、黄硅镍石、钙钛矿、磷灰石	加拿大魁北克省、苏联	伴生矿床
		与萤石矿有关的碳酸岩	F	铣钇矿、黑稀金矿、复稀金矿	美国拉巴里县	伴生矿床
	老变质杂岩中的铀钛磁铁矿	片麻岩、石英岩、角闪岩	Fe, Ti, U	铀钛磁铁矿、钍铀矿、钍沥青铀矿	澳大利亚、雷山	伴生矿床
外生矿床	沉积型砂矿床	各种砂岩、砾岩、砾石	W, Sn, Fe, U	钛铀矿-铀钛矿、铌钇矿、褐钇铌矿、铝钇矿、黑钨矿、锡石、锆石、斜锆石、黑稀金矿-复稀金矿	中国广东、美国布兰德河流域	伴生矿床
	风化淋滤沉积型	砾状、角砾状灰岩、页岩	P, Al	水磷钪矿、纤磷钙铝石、磷铝锶石、银星石、磷铝石	美国犹他州Fair-field	伴生矿床
	沉积吸附型	生物沉积岩、磷酸岩、黏土、红土砂岩、粉砂岩、铝土岩、磷块岩	P, Al	褐铁矿、赤铁矿、次生铀矿物、次生铝矿物、蒙脱石、三水铝石钪的稀土矿物、黏土矿物	南美、苏联、澳大利亚、中国	伴生矿床
	风化淋滤残余型	红土	Ti, Ni	褐铁矿、针铁矿、锐钛矿、黏土矿物	澳大利亚、中国	独立矿床

Tomtor 稀土矿床是俄罗斯另一处重要的钪资源基地，Tomtor 是全球最大的碳酸岩之一，Sc 主要赋存在风化淋滤壳中，风化淋滤壳厚度在 4～20m，由上部的褐铁矿淋滤带和下部的褐铁矿-氟碳磷灰石胶结带组成，主要的富（含）稀土矿物包括独居石、磷钇矿、烧绿石和纤磷钙铝石，其中，磷钇矿石是 Sc 的主要寄主矿物，Sc 在磷钇矿中的含量变化介于 1.1%～1.7%（Lapin，et al，2016），Sc 的品位约为 390×10^{-6}，其资源量为 1000kt。

俄罗斯潜在的钪资源基地还包括 Kumir 矿床，该矿主要产于白岗岩（浅色斑状花岗岩）与碎屑沉积岩的接触带上，由数个次一级成矿带组成，每个成矿带的长度在几百米到数千米。按矿物组合划分，每个成矿带又可分成浅色内部带和深色的外部带，浅色内部带主要由钠长石、电气石、萤石和硫化物组成，Sc 的主要寄主矿物为电气石，深色外部带的矿物包括黑云母和萤石，次要矿物还有钪钇矿、铁氧化物、长石和白云母等，Sc 的矿石矿物为钪钇矿。目前已经探明的 Sc 储量为 36kt，品位在 $(50 \sim 2400) \times 10^{-6}$，其中 64%的 Sc 来自钪钇矿，剩余的来自电气石。

乌克兰地区与超基性岩有关的铁钛矿石和辉石岩中亦含有较高的 Sc 含量，如 Zhovti Vody 矿床。冷战期间，该矿床是米格战斗机所用 Al-Mg-Li-Sc 合金中 Sc 金属主要原料来源。矿床中 Sc 的平均品位为 105×10^{-6}，资源量为 7500kt。矿石矿物主要为钠铁辉石。按 Sc 的品位，可以将矿脉分为两种类型：一种是 Sc 低品位矿，Sc 的品位在 $(50 \sim 100) \times 10^{-6}$，此类矿石具有高的 U 含量 [$(150 \sim 600) \times 10^{-6}$ 的 U] 和其他稀土含量 [$(800 \sim 1500) \times 10^{-6}$ 的总稀土]；另一种是 Sc 高品位矿，Sc 的品位变化介于 $(100 \sim 200) \times 10^{-6}$，U 和稀土含量比较低。

挪威的钪资源主要集中在富钪钇矿的伟晶岩中，最著名的产地是 Ivland-Evje 地区。该地区的伟晶岩宽度在 5～10m，具有明显的结构分带，一般由细粒的冷凝边带、粗粒的石英-斜长石-黑云母外带、钾长石-斜长石中间带及石英核组成。钪钇矿主要产于外带和中间带，有关钪在伟晶岩中富集的机理还不清楚，因为 Sc 主要富集于基性岩中，所以有学者认为，富钪伟晶岩中 Sc 可能来自围岩——角闪岩。

1.6.2 北美洲的钪资源

美国是钪资源比较丰富的国家，在科罗拉多高原的含 U 砂岩矿床中，Sc_2O_3 的含量为 100×10^{-6}；新墨西哥州安布罗斯湖区沉积型铀矿中，Sc_2O_3 的含量为 15×10^{-6}；犹他州含磷酸岩泥质页岩中，Sc_2O_3 的含量在 $(10 \sim 500) \times 10^{-6}$；Fairfield 含磷铝土矿中，$Sc_2O_3$ 的含量更高，可以达到 $(300 \sim 1500) \times 10^{-6}$。其中的水磷钪矿和磷铝锶矿，已作为提钪的原料加以开采。

加拿大安大略省矿床和魁北克奥卡碳酸岩型铌矿床中，Sc 的含量在（25～103）×10^{-6} 的范围内。目前，加拿大正在开采钪矿床位于魁北克北部的 Misery Lake 地区，该矿主要与正长岩有关，Sc 的矿石矿物为单斜辉石，Sc 在单斜辉石中的含量比较均一，大约为 800×10^{-6}。

1.6.3 澳大利亚的钪资源

澳大利亚的雷山热液铀钛磁铁矿中，Sc_2O_3 含量达 3000×10^{-6}，可实现 U、Th 和 Sc 的共同开采。最近，澳大利亚在 Sc 的找矿方面有了重大突破，发现两个大型的红土型钪矿床，分别是 Nyngan 和 Syerston-flemigton 矿床。

Syerston-flemington 矿床的资源量为 1350t，Sc 的平均品位为 434×10^{-6}（Pursell，2016）。Syerston-flemington 矿床赋存红土的形成与该区季节性潮湿的热带气候有关。红土下的基岩为 Tout 基性杂岩，全岩 Sc 含量为 80×10^{-6}，远远高于典型的地幔起源的基性岩，具有高的钪成矿背景值。红土从下到上，共分为 5 层（见图 1.2），分别为腐岩带、转换带、褐铁矿红土带、赤铁矿红土带及残余红土带。其中腐岩带的矿物组成以蒙脱石为主，向上，在转换红土带，蒙脱石逐渐被铁氧化物和高岭石所取代；在褐铁矿红土带，主要的矿物组合变成以针铁矿为主，其他矿物组成包括赤铁矿、高岭石和三水铝石；在赤铁矿红土带，赤铁矿为主要组成矿物，其他还包括针铁矿、高岭石和三水铝石。研究表明，残余红土带与赤铁矿红土带矿物组成基本相同，但包含了一些碎屑物质，整个红土剖面的厚度接近 30m，其中褐铁矿红土层的厚度在 10m 左右。已有的资料表明，形成 10～50m 厚的红土，需要经过 100Ma（1Ma 表示 100 万年，即 10^6 年）的时间，因此，Syerston-flemington 矿床是长时间稳定风化的产物。

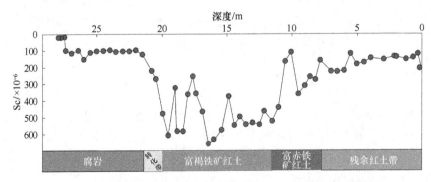

图 1.2 Syerston-flemington 钪矿床深度与 Sc 含量关系剖面图

Sc 明显在褐铁矿红土矿富集，平均含量大约在 $500×10^{-6}$，相比于基岩，Sc 在褐铁矿红土中大约富集了 10 倍。在其他带中，Sc 的含量大约为 $100×10^{-6}$，研究表明，Sc 主要以吸附形式赋存于针铁矿中。

Nyngan 矿床具有与 Syerston-flemington 相似的特征，该矿区的基岩为 Gilgai 基性杂岩，新鲜辉长岩中 Sc 的含量约为 $100×10^{-6}$。最高 Sc 含量依旧为褐铁矿红土，其含量为 $347×10^{-6}$。该矿的资源量为 12000kt，Sc 的平均品位为 $261×10^{-6}$。Sc 仍旧以吸附形式存在于铁的氧化物中。

1.6.4 其他地区的钪资源

南非的维特互特斯兰德含铀石英砾岩具有较高的 Sc 含量，其中铀钛矿中 Sc_2O_3 的含量在（$60\sim100$）$×10^{-6}$ 的范围内。古巴和多米尼加的红土型镍矿中，褐铁矿红土带中的 Sc 的平均含量在（$70\sim80$）$×10^{-6}$。

1.6.5 我国的钪资源

我国钪资源非常丰富，含钪矿产储量巨大，其中包括铝土矿、磷块岩矿、华南斑岩型和石英脉型钨矿、华南稀土矿、内蒙古白云鄂博稀土铌铁矿和四川攀枝花钒钛磁铁矿等。其中，铝土矿和磷块岩矿优势比较明显，其次是钨矿、钒钛磁铁矿、稀土矿和稀土铁铌矿等。我国主要含 Sc 矿物与分布见表 1.8。

表 1.8 我国主要含 Sc 矿物与分布

含 Sc 矿物	资源分布
铝土矿和磷块岩	主要分布与华北地区（主要包括山东、河南和山西）和扬子地区西缘（主要包括云南、贵州和四川）。铝土矿的 Sc_2O_3 含量在（$40\sim150$）$×10^{-6}$，贵州地区磷块岩中 Sc_2O_3 的含量约为（$10\sim25$）$×10^{-6}$
钒钛磁铁矿	攀枝花钒钛磁铁矿超镁铁岩和镁铁岩的 Sc_2O_3 含量为（$13\sim40$）$×10^{-6}$ 的范围内，Sc 主要赋存于钛普通辉石、钛铁矿和钛磁铁矿中
钨矿	华南斑岩型和石英脉型钨矿具有较高的 Sc 含量，黑钨矿中 Sc_2O_3 的含量一般为（$78\sim377$）$×10^{-6}$，个别可达 $1000×10^{-6}$
稀土矿	华南地区储量巨大的离子吸附型稀土矿中发现了规模较大的富 Sc 矿床，白云鄂博稀土铁矿的岩石中 Sc_2O_3 的平均含量为 $50×10^{-6}$
铁氧化物	贵州晴隆沙子地区红土型钪矿中，Sc 主要以离子吸附的形式赋存于铁氧化物表面，该矿平均品位为 $75×10^{-6}$
其他矿物	广西贫锰矿中钪以离子吸附形式存在，含量约 $181×10^{-6}$

1. 铝土矿和磷块岩

我国铝土矿和磷块岩十分丰富，Sc 在二者之间的资源量估计为 290kt，占总储量的 51%。我国华北地区（主要包括山东、河南和山西）和扬子地区西缘（主要包括云南、贵州和四川）是我国铝土矿和磷块岩的重要产地。华北地区铝土矿中 Sc_2O_3 的含量为 $(110\sim150)\times10^{-6}$，华南地区铝土矿中 Sc_2O_3 的含量分布在 $(66\sim100)\times10^{-6}$ 的范围内，西南地区铝土矿中 Sc_2O_3 的含量在 $(40\sim80)\times10^{-6}$，其中，贵州林夕铝土矿的 Sc_2O_3 的含量为 $(40\sim75)\times10^{-6}$，广西平果铝土矿的 Sc_2O_3 含量平均值为 75×10^{-6}。上述资料表明，我国铝土矿中 Sc_2O_3 的含量是世界铝土矿 Sc_2O_3 平均含量（按 Sc_2O_3 为 38×10^{-6} 计算）的 $2\sim5$ 倍。

目前，关于磷块岩中的 Sc 资料还很少，贵州开阳磷矿、瓮福磷矿及织金新华磷矿中的 Sc_2O_3 含量约为 $(10\sim25)\times10^{-6}$。

2. 稀土矿

1）内蒙古白云鄂博稀土矿

白云鄂博是世界罕见的大型稀土元素共生的综合矿床，显著富集的元素包括 Fe、Nb、Ce、Pr、Rb、Eu、Y、Sc、F、Na、C、Ca、Mg、Ba 和 P 等，形成独立矿物而存在的元素 U、Fe、稀土、Nb、Ti、Mn、Ca 和 Mg 等，白云鄂博矿现在已经发现了 175 种矿物和 71 种元素，具有综合理由价值的元素有 26 种。

白云鄂博含有丰富的钪资源，是一个巨大的伴生钪矿床，经过十几年的研究，Fe、稀土和 Nb 相继得到了开发和利用，但对 Sc 的综合回收研究才刚刚起步。白云鄂博矿床中各类矿石中都不同程度地含有 Sc，尤其是辉石中，Sc 含量尤其高，其平均含量在 $(155\sim160)\times10^{-6}$，可能是重要的 Sc 的寄主矿物。如果 Sc 品位按照平均 100×10^{-6} 计算，白云鄂博中 Sc 储量在 140kt 以上。

钪在白云鄂博矿床分布有如下特点：

（1）几乎所有的矿物都不同程度地含矿，但是没有独立的工业矿物存在。

（2）铌铁金红石 Sc 含量较高，但矿床中该矿物含量较少。

（3）矿床中的稀土矿物和铁镁硅酸盐矿物 Sc 含量相对较高。

2）华南地区的风化壳淋滤型稀土矿

20 世纪 70 年代，在我国华南地区发现了储量巨大的离子吸附型稀土矿。离子吸附型稀土矿属于风化壳矿床，主要矿物包括石英、长石、高岭土和云母等，稀土主要以离子形式赋存在高岭土等黏土矿物中。但长期以来，华南地区离子吸附型稀土矿种的钪资源一直被忽略。研究发现，有些风化壳淋滤型稀土矿种的伴生钪矿床的 Sc_2O_3 含量为 $(20\sim50)\times10^{-6}$，独立钪矿床种的 Sc_2O_3 含量大于 50×10^{-6}。

3．钛铁矿

攀枝花钒钛磁铁矿是我国大型钒钛铁矿床，对该地区红格矿区的研究表明，Sc 在橄榄辉石岩种的含量为 28.7×10^{-6}，在辉石岩中的含量为 21.1×10^{-6}，在辉长岩中的含量最低，平均为 15.5×10^{-6}。从红格岩体底部橄辉岩含矿层→中部辉石岩含矿层→上部辉长岩含矿层，矿石中 Sc 的含量逐渐变低，矿石中 Sc 含量的变化范围在 $(10.4 \sim 58.7) \times 10^{-6}$ 的范围内。Sc 主要赋存在钛普通辉石、钛铁矿及钛磁铁矿中。

4．钨矿和锰矿

华南斑岩型和石英脉型钨矿具有较高的 Sc 含量，黑钨矿的氧化 Sc 含量在 $(78 \sim 377) \times 10^{-6}$ 的范围内，最高可达到 1000×10^{-6}。

我国的锰矿资源伴生 Sc 品位可达 180×10^{-6}，Sc 主要以离子吸附形式不均匀赋存在锰矿物中。

5．铀矿

据统计，世界上含 Sc 的铀矿石约有 600000kt，Sc 含量为 $0.0001\% \sim 0.001\%$，每年铀矿石加工过程中有 $50 \sim 500$t 的 Sc_2O_3，但回收量极少。

6．近年来我国新的含钪资源

1）云南牟定二台坡大型钪矿

二台坡基性超基性岩体位于元谋—绿汁江基性超基性岩带南段，隶属川滇新裂谷带，形成于晚二叠纪。与攀枝花岩体年龄相近，该岩体分析较好，呈明显的岩相分带，从下向上岩石类型为橄榄辉石岩→磁铁矿辉石岩→辉长岩→含正长石辉长岩→二长辉长岩，个岩性均以过渡接触。朱智华（2012）根据 Sc 元素的地球化学特征，分析研究了该掩体的含钪型，发现该岩体虽属低品位小型铁矿，但其伴生 Sc 元素规模已超过铁矿规模，达到了特大型钪矿床工业指标，其 Sc_2O_3 的平均品位为 66×10^{-6}。郭远生等人（2012）发现二台坡岩体、凹溪河岩体、碗厂岩体等含 Sc 量在 $(60 \sim 110) \times 10^{-6}$ 的范围内，平均品位大于 50×10^{-6}，已构造独立的钪矿体，初步控制的 Sc_2O_3 资源量占攀枝花地区钪资源量的 16.8%，潜在经济价值巨大，而且，沿绿汁江断裂方向，共分布有基性超基性岩体近 70 个，找矿前景非常可观。二台坡岩体中钪主要赋存于单斜辉石、角闪石及斜锆石中。

2）云南大型独立钪矿床

2010 年 6 月，中国国土资源网报道，云南省有色地质局首次发现两个独立大型钪矿床，估计钪资源量可达 726t，Sc_2O_3 的平均品位为 66×10^{-6}，预测的 Sc 远景资源量在 5kt 以上，甚至有望达到万吨以上，潜在经济价值达数百亿元。

3）浙江浙西地区超大型钪多金属矿床

2011 年 3 月，浙江省浙西地区发现一个超大型钪多金属矿床，其中 Sc 的品位在 14×10^{-6} 左右，初步探明 Sc 资源量超过 70t。同时伴生一个以 Ag 为主的大型多金属矿，其中 Ag 800t、Pb-Zn 130kt，还有一个大型镉矿 3kt，此外还有 Sn 7kt、Ga 400t、Re 5.5t，均达到中型规模。

4）辽宁鞍山群含铁岩系钪的潜力分析

辽宁鞍本地区出露的鞍山群地层仅为鞍山群上部地层——茨沟组、大峪沟组、樱桃园组，鞍本地区是辽宁省重要的铁矿基地，统称为"鞍山式"铁矿，资源/储量之大，居全国之首。鞍本地区鞍山式铁矿及围岩中发现 Sc 元素，通过 617 件样品分析测试，测得 Sc 元素平均品位在 20g/t 左右，赋矿层位为茨沟组、大峪沟组及樱桃园组，截至 2018 年鞍本地区累计探明铁矿储量达 12733000kt，加上围岩量可达 2×10^7kt 以上，照此估算鞍本地区钪矿资源/储量可达 400kt 以上，属特大型（不包括一些小的矿山）。

5）甘肃发现三处大型独立钪矿床

据有关资料，在甘肃省酒泉市境内的孙家岭、黑山梁和延龙山发现了 3 处独立钪矿床，现已探明资源量丰富，达到大型至超大型标准，在新发现的 3 处钪矿中，仅孙家岭钪矿 1 处，经过地表初步评价和少量钻探控制验证，探明储量在 94t，圈出钪矿（化）体 51 条。

● 1.7　Sc 的提取冶炼

如前所述，Sc 的独立矿物很少，只在马达加斯加等少数国家发现过少量的钪钇矿，但早在 20 世纪 50 年代就已经开采完了，从 60 年代起，Sc 的主要来源开始是从铀矿中提取，后来是从钨矿、锡石和钛铁矿中提取，现在注意力转向从铝土矿等矿物处理后的副产物中提出。

1.7.1　从铀矿中提钪

像沥青铀矿这样的铀矿中大多含有微量的 Sc。据统计世界上含钪的铀矿石约 600000kt，含 Sc 0.0001%～0.001%，每年在铀矿石加工中有 50～500t Sc_2O_3，但回收极少。一些铀矿物含较高的 Sc_2O_3，褐钇铌矿含 $Sc_2O_3$0.02%、钛铈铁矿含 0.02%、黑稀金矿含 0.075%、钇铀烧绿石含 0.08%～0.2%、磷钇矿含 0.08%～0.1%。因此，在加工铀矿过程中作为副产物回收 Sc 显得尤为重要。

已有研究表明，用 H_2SO_4 浸出铀矿，浸出液 Sc_2O_3 含量达到 1mg/L，用十二烷基磷酸（PLS）可以将 U、Sc、Th 和 Ti 同时萃取，用盐酸反萃，U 可被反萃出，其余稀土物质无法反萃。使用氢氟酸处理有机相，可将 Sc 和 Th 以氟化物形式沉淀，并随着反应进行不断积累，加入 NaOH 得到 $Sc(OH)_3$ 沉淀，随后用盐酸浸出 $Sc(OH)_3$，其余杂质如 Ti、Zr、Fe 和 Si 发生水解。然后用草酸沉淀分离 Sc 与未溶的 Fe 和 U。将草酸钪在 700℃下煅烧，从而获得纯度为 99.5% 的氧化产物。然而，上述工艺较复杂，要进行多步沉淀和溶解，更重要的是，引入氢氟酸作为沉淀剂会对环境造成污染。有人提出使用 PrimeneJMT 伯胺萃取剂代替氢氟酸从 U 粉废液中提钪，用酸化 NaCl（pH 值为 1）溶液反萃取钪，用氨标准液沉淀负载反萃液中的 Sc。然而，尽管减少了沉淀剂的环境污染，考虑到 U 的强放射性，该类方法也存在潜在的环境问题。

1.7.2　从含 Ti 废料中提钪

一些含 Ti 矿物含有大量的 Sc。在钛铁矿进行电弧炉熔炼高 Ti 渣时，由于 Sc_2O_3 与 Nb、U、V 等氧化物一样生成热高，故很稳定，不会被还原而留在高 Ti 渣中。将此高 Ti 渣进行高温氯化生产 TiC_4 时，Sc 在氯化烟尘中被富集。目前有几种方法从氯化烟尘中提钪。一种是利用以 P204 为萃取剂，从 Sc 的氯化烟尘盐酸浸出液中萃取钪与分离 Fe、Mn，Sc 的一级萃取率可达 86%，Fe、Mn 的萃取率均小于 2%；另一种是用有机多元弱酸沉淀剂沉淀氯化烟尘盐酸浸出液中的 Sc，经两次沉淀、两次酸解后，浸出液中的 Fe、Mn 去除率达 99.8% 以上，Sc 的沉淀率可达 100%。

此外，还可从生产 TiO_2 的含 Sc 废液中回收 Sc。我国生产的 Si_2O_3，绝大部分来自 TiO_2 粉厂。杭州 H_2SO_4 厂形成了"连续萃取—12 级逆流洗 Ti—化学精制"级提钪工艺路线，产品含量稳定在 98%～99%。

1.7.3　从 W 渣中提钪

含 W 矿石如钨锰铁矿内含有丰富的 Sc，在通常情况下，将钨矿溶解于碱性溶液中形成钨酸盐，杂质 Ca、Fe、Mn 等形成沉淀。加工钨矿生成的残渣中含有大量的 Sc，如钨锰铁矿渣中富集了 0.04%～0.06% 的 Sc。

目前已有大量有关于含 W 渣中提钪的研究，由于 Sc 主要以氢氧化物的形式存在于残渣中，因此可用硫酸、盐酸和硝酸等将其转化为可溶性钪盐。Gokhale 等人在 100℃下用 2mol/L HCl 浸出钨锰铁矿渣，95.3% 的 Sc 可被浸出，浸出液含 100mg/L Sc_2O_3。以 HDEHP 为萃取剂萃取得到 90% 的 Sc，后经盐酸洗涤和两步 NaOH 反萃取，Sc 的回收率达到 76%～89%。然而，盐酸酸浸一大危害是 HCl 挥发形成有毒化合物，不仅造成环境污染，产生有毒的气体 Cl_2，还增加了操作的成本。

Zhong 等人采用硫酸浸出钨矿渣提钪，向浸出液中添加 Fe 粉将三价铁还原为二价铁，分别使用 0.2%和 4%的以煤油为介质的 N1923 伯胺萃取剂，以 A/O比 4:1 萃取 Th 和 Sc，萃取率达到 99%以上；分别用 3mol/L H_2SO_4、0.5mol/L H_2SO_4 和 3% H_2O_2 反萃、洗涤稀土元素、Fe 和 Ti，用 2mol/L 盐酸反萃 Sc。经过草酸沉淀及煅烧沉淀物后可以得到用纯度为 90%的 Sc_2O_3 产物，Sc 的回收率达到 82%。总之，尽管可用浓盐酸在较高温度下浸渣提钪，但用 H_2SO_4 被证实污染性更小。

1.7.4　从赤泥中提钪

随着炼铝工业规模日益扩大，铝土矿处理量不断增加；Sc 常以杂质形式存在于铝土矿中，含量一般为 0.001%～0.01% Sc_2O_3，多数为 0.005%～0.008% Sc_2O_3。在通常情况下，每生产 1t Al，就会产生等量的腐蚀性残留副产物，称为赤泥。Sc在赤泥中的含量几乎是原矿中的两倍。2008 年全世界 26 个国家铝土矿总产量为205Mt，这使得赤泥量巨大。因此，赤泥是很大的潜在含 Sc 资源。

近年来，很多的学者将火法与湿法冶金相结合，探索出很多从赤泥中提取有价金属的工艺。Piga 等人提出，在 800～1000℃下，将赤泥与煤、石灰、碳酸钠结合还原焙烧。随后用 65℃的热水水浸 Al_2O_3，得到褐泥，其中含有相当高的 Sc（0.42g/L）、用 H_2SO_4 浸出褐泥。Sc 则富集于溶液中。之后通过沉淀或溶剂萃取提取。

Ochsenkuhn 等人通过向赤泥中加入硼酸盐和碳酸盐。在 1100℃下焙烧 20min。后用过量的 1.5mol/L 盐酸浸出，浸出液通过装满 Dowex50W-X8 树脂的离子交换柱。Sc 与主要杂质元素 Fe、Al、Ca、Si、Ti、Na 及微量元素 Ni、Mn、Cr 和 V共同浸出。随后用 1.75mol/L 盐酸洗去大部分的杂质，Sc 要用 6mol/L 盐酸洗涤，之后用氨水中和洗涤液，用含有 0.05mol/L HDEHP 的环己烷萃取钪。随后用 2mol/LNaOH 反萃，也可通过结合离子交换和溶剂萃取，将 Sc 从硝酸介质中提取。

显然，由于赤泥中 Sc 含量较低且杂质量较大，上述方法提钪经济可行性不强。同时，酸浸时溶解了大量的杂质，通过离子交换树脂时造成其负载能力下降，更重要的是，吸附的杂质离子需要洗涤去除，这消耗了大量的酸，在后续中和阶段又消耗大量碱，该方法操作成本较高。为了降低酸耗，需找到选择性浸出微量金属的方法，可将 Fe 等主要杂质留在赤泥中。在泥浆中通入酸性气体如 SO_2、CO_2 和 NO，保持溶液 pH 值在 1.0 左右，稀土金属能够被浸出而Fe 等主要杂质留在渣中。

1.7.5 从合金渣中提钪

在含 Sc 合金如 Fe-Sc、Al-Sc 和 Mg-Sc 的高温生产中，Sc 会与 O、Cl 和 F 剧烈反应，这造成了大量的 Sc 流失。熔融的高钪锰合金内含有 86%Mg 和 14%Sc，在熔融过程中；Sc 大量存在于熔融盐和金属渣滓中。Mg-Se 合金渣中平均成分为 64%～77%Mg、12%～23%Sc 和 1%～1.6%Fe，接近 100%的钪能够通过盐酸浸出和 HDEHP 萃取过程从钪镁合金中提取出来。在萃取过程中，99.9%的 Mg 和 90%的 Fe 留在了萃余液中。用稀盐酸溶液洗涤负载有机相中的 Fe。用 5mol/L NaOH 反萃钪，反萃液经过稀释和凝聚后以 Sc(OH)$_3$ 形式沉淀，煅烧沉淀后，得到含 64.5%Sc、0.5%Mg 和 0.4%Fe 的 Sc$_2$O$_3$ 产物。这一工艺同样可用于从含 Sc-Al 或 Sc-Fe 合金渣中提钪。尽管含 Sc 合金渣中 Sc 含量很高，但就全世界含 Sc 合金生产总数来看，含 Sc 合金渣并不能成为提钪的主要资源。

1.7.6 从稀土矿中提钪

自然界中 Sc 通常与钇(Y)和镧系元素(Ln)共生，将其统称为稀土元素(REE)。S2$_2$O$_3$ 在稀土矿物如独居石和氟碳铈镧矿中的含量大概为 0.02%～0.05%。我国的离子吸附型稀土矿床（IARED）内含有微量的离子态 Sc（0.009%～0.011%），这种钪较容易浸出。通过用硫酸盐溶液集中浸出 IARED 中的稀土元素，并以草酸盐形式沉淀，得到稀土精矿，之后煅烧以得到稀土氧化物（RED），用盐酸溶解氧化钪，使用两段溶剂萃取循环以分离 Sc 和其余稀土元素，萃取剂为含有环烷酸和异辛醇的硫酸化煤油有机溶液，Sc 与其余稀土元素分离较好，分离比值（$\beta_{Sc/RE}$）超过 10^4。

除上述传统的浸出—萃取—提纯的工序外，近年来，不少研究者采用了较新颖的方法提钪。如高梯度磁选分离、液膜乳化技术及静电模拟液膜等，该类方法较传统的提钪工艺而言，具有的传质效率高、选择性好、节约能源的特点，是实现分离、纯化和浓缩溶质的重要手段。

1.7.7 从镍矿中提钪

镍矿中含有相当高比例的 Sc，可被视为重要的含 Sc 资源。在加工 Ni、Co 的过程中 Sc 可作为副产品而获得，通常红土镍矿中含有 Ni（1%～2%）、Co（0.05%～0.10%）、Fe（15%～50%）、Al（2%～5%）和微量的 Sc（0.005%～0.006%）。一些矿山公司已将从红土镍矿中提钪工业化，有望生产出大量的 Sc$_2$O$_2$。例如，某湿法冶金工厂每年计划生产 28t 的 Sc$_2$O$_3$。用 H$_2$SO$_4$ 高压酸浸（HPAL）红土镍矿可得到 94%的 Sc。中和作用调节 pH 值为 2~4 可去除 Fe 和 Al，Ni 和 Co 以硫酸盐沉淀的形式回收，调节 pH 值在 4 以上得到钪沉淀物。一些杂质与 Sc 发生共沉淀，在中和与沉淀后，用溶剂萃取可使 Sc 与其他杂质分离。使用有机磷酸萃取剂如 HDEHP、PC-88A 和 Cyanex272 可定量萃取 Sc。镍矿中 Sc 储量丰富，是很大的含 Sc 资源，但由于 Sc 含量为微量，杂质 Fe、Al 等含量很大，在中和作用时会消耗大量的酸。

目前，我国 Sc 的主要回收途径是高 Ti 渣氯化时产生的氯化烟尘和钛铁矿生产 TiO_2 的水解母液。从长远来看，我国应重视钒钛磁铁矿的尾矿和赤泥中大量的 Sc 的回收。

● 1.8 晴隆沙子钪矿床研究现状

晴隆沙子钪矿床是我国一个大型 Sc 的独立钪矿床，作者团队从 2007 年开始对晴隆沙子地区残坡积型锐钛矿床进行系统的勘查和研究，于 2010 年在晴隆县沙子镇一带的风化峨眉山玄武岩土壤中首次发现大型锐钛矿床，通过大量基础地质工作，在研究过程中，圈定出 3 个独立钛矿体，同时发现它还是一个独立钪矿床，矿石中 Sc_2O_3 平均品位 74.93×10^{-6}，在 2013 年 9 月在贵州省国土资源厅及贵州省国土资源勘测规划研究院评审备案，并提交了相应的（333+332）氧化钪（Sc_2O_3）资源量 1747.37t，这在我国实属少见。

矿床位于碧痕营穹状背斜北西翼，出露地层主要有二叠系中统栖霞组及茅口组，二叠系上统峨眉山玄武岩组、龙潭组及第四系，区内为单斜岩层，断裂构造发育。发现的钪矿体分布在茅口灰岩上喀斯特负地形石芽、溶沟中玄武岩风化形成的第四系红色黏土及亚黏土中，矿区已探明的钪矿工业矿体 3 个，其中①号矿体 Sc_2O_3 的平均品位为 67.45×10^{-6}，②号矿体 Sc_2O_3 的平均品位为 73.05×10^{-6}，③号矿体 Sc_2O_3 的平均品位为 83.19×10^{-6}，呈北东-南西向分布在梭寨以南、马尿塘、水山冲以南 3 个地区的相对平缓的喀斯特台地或斜坡地带。

具有相同地质背景，贵州西部在峨眉山玄武岩底部茅口灰岩顶部喀斯特洼地的红色黏土中已探明和开采的大、中、小型金矿床数十个，知名的有老万场金矿、豹子洞金矿、砂锅厂金矿等，这些矿床中以富集 Au 为主，Ti 含量不高，未见有伴生 Sc 的报道（王砚耕等，2002）。峨眉山玄武岩与贵州西部的金矿、铜矿、铅锌矿、锑矿、汞矿、砷矿、铊矿成因关系已经有了较为深入的研究（刘东升，1987；李存登，1987；李文亢，1989；涂光炽，1990；涂光炽，1990；程代全，1992；罗祖虞，1994；谭运金，1994；涂光炽，1994；倪师军等，1997；涂光炽，1999；

刘建中等，2003；聂爱国，2009；徐义刚等，2001，2002，2003；宋谢炎等，2001，2002；高振敏等，2004），但是对于地幔热柱活动导致的峨眉山玄武岩喷发对独立钪矿床的形成和控制及影响作用，目前国内外鲜有学者涉足。

近年来，侯增谦、聂爱国、秦德先等人通过对地球深部构造的深入研究，已证实广布在中国西南地区的峨眉山玄武岩是目前国际地学界公认的我国唯一的火成岩省。该火成岩省不仅规模巨大、组成特殊，而且形成机理复杂。它的活动既不同于正常的洋底扩张过程，又有别于陆内拉张或裂陷，而与特殊的地幔动力作用过程——峨眉地幔热柱活动有关。峨眉地幔热柱活动是目前被全世界所公认的少数几个地幔热柱活动之一。正是由于峨眉地幔热柱的强烈活动，形成贵州西部与峨眉山玄武岩有关的丰富矿产资源。

纵观近年来国内外针对钪的研究，主要是从资源综合利用的角度来了解钪的含量和回收钪，缺少对钪的物质来源、地球化学示踪、富集条件、成矿机制等方面的深入探究，尤其对地球化学行为和富集规律方面，研究甚少。所以，作者从查明黔西南晴隆沙子钪矿床的地质特征出发，研究钪的物质来源和赋存状态，剖析钪的形成条件和成矿过程，凝练该独立钪矿床的成因机制，丰富钪矿床的成矿理论，力求对钪矿床的研究做出贡献。

1.9 研究内容及方法

1.9.1 研究内容

（1）对贵州西部二叠纪不同岩相古地理环境的火山活动及喷发的峨眉山玄武岩进行实地调查对 Sc 的丰度测试。

（2）对贵州首次发现的独立钪矿床——晴隆沙子大型独立钪矿床进行重点剖析，分析钪矿形成的大地构造背景和峨眉山玄武岩浆活动地质环境、富 Sc 玄武岩特征、晴隆沙子钪矿区不同风化阶段的峨眉山玄武岩的含钪特点，解剖风化玄武岩与钪矿富集的深部背景，进一步查明晴隆沙子钪矿床的成矿地质特征。

（3）采集晴隆沙子钪矿床不同风化程度峨眉山玄武岩及矿石样品，通过岩矿样品的 Sc 元素含量及化学全分析、电子探针分析、扫描电镜分析、X 射线粉晶衍射分析、微量元素分析、稀土元素分析、同位素测试分析等，进行 Sc 的赋存状态及物相分析和成矿地球化学探索。

（4）对上述成果开展综合研究，分析晴隆沙子独立钪矿床形成的物质来源、成矿条件等；凝练晴隆沙子地区钪矿形成特殊性；分析晴隆沙子地区富 Sc 峨眉山玄武岩浆活动成矿和漫长风化成土作用过程中钪矿再富集的地球化学机制；研究黔西南晴隆沙子独立钪矿床的成矿过程；探寻钪矿床的成因机制；提出贵州晴隆沙子独立钪矿床成矿模式。

1.9.2　研究方法

（1）在广泛检索、收集钪矿床地质成矿、峨眉山玄武岩形成演化及对贵州西部矿产形成影响等相关资料的基础上，对晴隆沙子钪矿床进行重点剖析，从钪矿形成地质条件、峨眉山玄武岩多次喷发活动及玄武岩物质组成特点、深大断裂活动、沉积环境变化等方面分析控制钪矿形成的大地构造背景和富 Sc 峨眉山玄武岩浆活动地质环境。

（2）对贵州西部不同岩相古地理环境的典型峨眉山玄武岩及含 Sc 丰度进行实地调查，踏勘贵州西部有代表性的峨眉山玄武岩风化成土剖面，采集样品，获得不同岩相古地理环境峨眉山玄武岩风化成土及钪矿再富集的信息。

（3）采集贵州西部典型地域（重点为晴隆沙子钪矿床一带）不同风化程度峨眉山玄武岩及矿石样品，进行相关岩石、矿石样品氧化物全分析及 Sc 单项分析；进行岩、矿样品的光学显微镜鉴定，电子探针及扫描电镜分析，X 射线粉晶衍射分析；进行岩、矿石的微量元素测试，稀土元素测试及相关样品同位素分析；进一步查明不同风化程度玄武岩及矿石样品中 Sc 的赋存状态、丰度，与锐钛矿等其他矿物形成关系；剖析晴隆沙子一带有利于钪矿形成的地质地球化学条件。

（4）通过岩相古地理和沉积环境调查研究，分析晴隆沙子一带晚二叠世以来的岩相古地理和沉积环境对喷发的峨眉山玄武岩形成的影响，以及这种古地理沉积环境对 Sc 的迁移、成矿的控制，结合前述各种岩矿测试分析结果，解剖富 Sc 玄武岩成矿及后期风化成土与钪矿再富集的深层关系，基本查明 Sc 的活化迁移地球化学机制。

（5）综合、整理、归纳、分析获取所有的钪矿成矿信息，总结晴隆沙子钪矿床的成矿条件、凝练 Sc 迁移富集的地球化学机制；研究黔西南晴隆沙子独立钪矿床的成矿过程；探寻晴隆沙子地区钪矿床成因机制；提出晴隆沙子独立钪矿床成矿模式。

● 1.10　主要研究成果

通过本书研究，得出以下成果：

（1）晴隆沙子钪矿体赋存于二叠系中统茅口灰岩喀斯特不整合面之上的第四

系残坡积红土中，钪矿工业矿体产于 1338.90～1498.45m 标高的喀斯特丘丛及平缓斜坡上的 3 个微型洼地中。已探明的工业矿体有 3 个，呈北东南西向排布，依次编号为①号钪矿体、②号钪矿体及③号钪矿体。

（2）晴隆沙子钪矿石主要为红色、黄色黏土及亚黏土，黏土中常含玄武岩、硅质灰岩、硅质岩、铁锰质黏土岩及凝灰岩等角砾。矿石中金属矿物主要有锐钛矿、褐铁矿；脉石矿物主要有高岭石，其次是石英、绢（白）云母、绿泥石、斜长石、锆石等。矿石中未发现钪的独立矿物，晴隆沙子矿中，Sc 赋存状态是以离子形式吸附于黏土矿物及褐铁矿中，以类质同象形式赋存于锐钛矿中。

（3）通过晴隆沙子矿常量元素地球化学特征、稀土元素地球化学特征、微量元素地球化学特征、锆石形态特征、微量元素、U-Pb 年龄、Hf 同位素及新鲜玄武岩、蚀变玄武岩和红土中磁铁矿的 Fe 同位素组成等研究，可获得如下认识：

① 从晴隆沙子钪矿区的矿化红土、蚀变玄武岩、枕状玄武岩及灰岩的稀土元素配分模式看出，晴隆沙子钪矿中赋矿红土为玄武岩风化的产物，而与下伏的茅口组灰岩没有成因联系。

② 晴隆沙子矿中的锆石外形呈棱角状或次棱角状，暗示锆石没有经过远距离的搬运，微量元素特征表明其为玄武岩岩浆锆石。

③ 晴隆沙子钪矿中的锆石 U-Pb 年龄为 259Ma，与峨眉山大火成岩省的主喷发期一致。

④ 晴隆沙子钪矿中的锆石 Hf 同位素组成与其他峨眉山大火成岩省玄武岩锆石基本相同。

⑤ 晴隆沙子钪矿的成矿物质来源于峨眉山玄武岩，矿石中形成正相关水平较高的 $Sc-TiO_2-Cu-Fe-Mn$ 的元素组合。

⑥ 从磁铁矿 Fe 同位素组成中可以看出，Fe 离子由二价铁变成三价铁，这表明晴隆沙子矿床的红土是玄武岩母岩在氧化环境下形成的。蚀变玄武岩具有较低的 $\delta^{56}Fe$ 值，同时 Fe 的含量与新鲜玄武岩几乎相同，说明整个体系为原位水解风化；根据 Fe 同位素温度计，本次获得的蚀变玄武岩中磁铁矿的 Fe 同位素组成，推测蚀变流体的温度在 70～80℃；含钪红土中 $\delta^{56}Fe$ 值有明显降低，但 Fe 含量有明显增加，说明是其他元素（如 Si、Na、Ca 等）在水解风化过程中丢失的结果；易溶元素的迁移，是不易溶元素（如 Fe、Ti、Sc）富集的主要原因。

⑦ 从矿化红土中锆石的形态、年龄特征、Hf 同位素组成，推断峨眉山玄武岩是其母岩。玄武岩的风化水解可能是形成红土的主要原因，蚀变玄武岩被当成玄武岩风化水解成红土的中间产物。推断晴隆沙子钪矿床的红土的形成与峨眉山玄武

岩的水解风化有关。在氧化条件下，玄武岩与80℃（或温度更高）的流体反应，斜长石和单斜辉石被彻底分解，形成高岭石，同时释放的Fe^{2+}被就地氧化为Fe^{3+}沉淀，形成新的Fe的氧化物。Sc等成矿元素在水解过程中释放出来，被Fe的氧化物、黏土矿物等所吸附，随着易溶组分的流失，在残留相中得到了相对富集。

（4）晴隆沙子独立钪矿床的钪矿只有在O_2供应充分、低温低压及弱碱性的环境下才能形成。因此，钪矿的形成必须具备以下5个地质条件。

① 物源比较单一：峨眉山玄武岩可能是其唯一的母岩，是提供钪矿形成的物质来源。

② 风化较为彻底：斜长石、单斜辉石和钛铁矿可以完全水解，形成黏土矿物和Fe的氧化物时，使成矿元素重新分配，随着易溶元素的流失，不易溶的元素（如Fe、Ti、Sc）相对富集。

③ 有大量热的流体参与：Fe同位素组成表明，与玄武岩发生交代反应的流体温度应为70~80℃，甚至可能更高。热的流体一是能加速矿物风化水解；二是有利于锐钛矿的形成；三是能带走大量易溶物质，有利于不易溶元素的相对富集。

④ 氧化环境：Fe同位素组成和全岩Fe含量变化表明，由单斜辉石分解释放的Fe^{2+}被原地氧化成Fe^{3+}，然后沉淀下来了；而且钛铁矿分解成锐钛矿，亦需要氧化环境。

⑤ 低温低压及弱碱性介质氧化环境长期存在，且该体系中成矿物质为原位风化水解，未发生成矿物质的带入和带出，使载钪矿物——锐钛矿能稳定存在。

（5）晴隆沙子钪矿区满足钪矿形成的5个地质条件。

晴隆沙子钪矿区有形成钪矿的物质来源，即形成钪矿床的钪来源于峨眉山玄武岩。贵州晴隆地区于早中二叠世茅口晚期，正置滨岸潮坪相带上东吴运动地壳抬升的同时，伴随峨眉山玄武岩强烈喷发，峨眉山玄武岩火山喷发物滚落流入水体中势必浸变解体，暗色矿物辉石解离成绿泥石等，与辉石等矿物呈类质同象形式存在的钪（Sc^{3+}）几乎可全部析出进入水体，为区内钪矿的形成提供了丰富的钪来源。

贵州晴隆地区二叠系中统茅口组灰岩受峨眉地幔热柱活动地壳抬升的影响，其顶部裸露地表并发生岩溶作用，产生一个个相对孤立的喀斯特高地与喀斯特洼地的古地貌，形成一个个特殊的地球化学障。因近滨岸潮坪，喀斯特洼地部分有积水。晴隆沙子地区玄武岩富钠贫钾，富含钠的长石在喀斯特洼地水体中浸变解体，K^+进入黏土矿物中，Na^+溶解于水中，使区内有特殊的弱碱性水的喀斯特洼地地球化学障。加上该弱碱性水的岩溶洼地在地表氧化带，有充足的O_2，为钪矿

（ScO_2）的形成准备了充分的条件。

区内成矿期峨眉山玄武岩浆喷发期是局部热源区，再者，峨眉山玄武岩喷发高温火山物质落入喀斯特洼地水解形成地表热水。根据喀斯特洼地火山碎屑沉积物厚度推测，当时的水体有数十米深，具有一定的静压力，为低温低压环境，满足钪矿的生成条件。

（6）对晴隆沙子钪矿床成矿过程研究可知，整个成矿过程分为两个成矿阶段。

① 晚二叠世龙潭早期喷流热水沉积阶段：是该矿床的主成矿期。晴隆沙子一带二叠系中统茅口组灰岩顶部因近滨岸潮坪，有多个古地貌喀斯特高地与喀斯特积水洼地。晚二叠世龙潭早期的峨眉山玄武岩浆强烈喷发，在晴隆沙子一带喷发数量不多的峨眉山玄武岩浆滚落流入水体形成厚度不大的玄武岩层，它们与几十米深的海水发生强烈的浸变解体，正因为这些玄武岩厚度不大，使玄武岩在海水中得到充分的海解，辉石等矿物解离、萃取释放出大量的 Sc^{3+} 及 Ti^{4+} 聚集于茅口组灰岩顶部古喀斯特积水洼地中；富含钠的长石等在喀斯特洼地水体中浸变解体，Na^+ 溶解于水中，使区内特殊的喀斯特洼地积水呈弱碱性水，在这种有利成矿环境下，浸变解体出的 Sc^{3+} 形成 $Sc(OH)_3$ 或 Sc_2O_3 胶体或络离子被氧化铁、锰土、黏土矿物所吸附形成喷流热水沉积钪矿床。

② 新生代表生风化—淋滤—成土成矿富化阶段：喜山期新构造运动地壳快速抬升，使晴隆沙子钪矿体裸露地表，这些喷流热水沉积钪矿床在原地及附近进一步遭受长期的风化—淋滤—成土作用，强烈的红土化作用，导致大量的活动性强的杂质被带走，钪被黏土物质吸附保留下来，钪矿体在土层中得到进一步富化，形成残坡积型钪矿床。

晴隆沙子钪矿床成因为与峨眉山玄武岩喷发作用有关的喷流热水沉积-残坡积型钪矿床。

（7）综观晴隆沙子钪矿床地质特征、形成过程及成因机理，以及晴隆沙子锐钛矿床地质特征、形成过程、成因机理可知，这两个矿床不仅产于同一矿区，而且属于相同的矿体；不仅矿石结构构造相同，而且矿石类型相同；不仅具有相同的成矿地质条件，而且是在同一地质成矿作用过程中形成；这两个矿床的钪、锐钛矿品位及规模都达到大型和独立开采程度；所以，晴隆沙子钪矿床、晴隆沙子锐钛矿床不仅是共生矿床，而且两个是各自独立的矿床。

（8）峨眉地幔热柱活动，其岩性主要是镁铁质喷出岩及其相伴生的侵入岩，因其从地幔带出多种成矿元素及其强烈的火山作用动力与能量，其活动周期长，多旋回，带来的成矿物质多，使其成矿地质作用复杂，因此重新审视峨眉地幔热柱对中国西部，尤其是对贵州西部成矿的贡献，已是若干地学者思考和研究的方向。

由于峨眉地幔热柱活动的周期长，多旋回，再加上贵州西部复杂的古地形地貌，使玄武岩喷发的物质与当时地面接触的界面差异，形成不同矿产资源。

希望本书能进一步启示研究者们认真审视贵州西部峨眉山玄武岩的成矿贡献及其复杂性，开拓找矿新思路，指示该地区的矿床成因研究。

第2章
区域地质背景

● 2.1 大地构造位置

晴隆沙子钪矿位于晴隆县西南部的沙子镇，北距晴隆县县城 30km 左右，西与普安江西坡镇隔河想望，南接晴隆碧痕镇，东接晴隆的鸡场镇和莲城镇。晴隆沙子钪矿床在大陆构造位于江南古陆西侧，一级构造单位处于扬子准地台东南边缘与华南褶皱带的复合部位，二级构造单位处于黔西南坳陷西北部。黔西南坳陷、南盘江坳陷和罗甸断坳构成了南盘江—右江盆地，南盘江—右江盆地位于滇黔桂三省交界处的南盘江—右江流域，又称为右江盆地、南盘江盆地、黔桂盆地、右江—南盘江裂谷、右江再生地槽、南盘江海等（曾允孚等，1995；刘特民等，2001；柳淮之和钟志云，1986；马力等，2004；毛健全等，1999；秦建华等，1996；吴浩若，2003）。目前，尽管对南盘江—右江盆地范围有不同认识，但大多学学者认为南盘江—右江盆地是由师宗—弥勒断裂、娅紫罗—都安断裂和丘北—广南—富宁—那坡断裂为限的三叠系覆盖区（秦建华等，1996；毛健全等，1999；马力等，2005），包括黔西南坳陷、南盘江坳陷和罗甸断坳 3 个构造单元。

贵州省传统的区域大地构造单元划分只有扬子地块和华南褶皱带两个级单元。尽管有学者认为黔南地区具有与华南褶皱带相似的基底（秦建华等，1996），但绝大多数学者将黔西南地区划分到扬子地块。西以南盘江断裂为界，呈北东、北西延伸经贵州的册亨、望谟、罗甸，至广西后转为北东向，以三江断裂为界转入湖南，任纪舜等（1980）将其北划为扬子地块，其南划为印支期地槽褶皱带，并认为印支地槽褶皱带为扬子地块与华南褶皱带的过渡。《贵州省区域地质志》（贵州省地质矿产局，1987）认为黔西南地区与扬子地块的结晶基底不同，但鉴于寒武系和奥陶系地层与扬子地块相似，而与华南褶皱系冒地槽的类复理石沉积差异较大，从而将黔西南地区划入到扬子地块，并提出扬子地块与华南褶皱带的界线为铜仁—玉屏—三都一带。李春昱等（1982）将贵州西南紧靠南盘江的地区划为右江造山带，在综合考虑基底地层结构的差异性和显生宙以来的板块运动机制后，认为黔西南地区分属于扬子地块和右江造山带，其界限大致在桑郎—白层—泥凼一线，从而在贵州形成了扬子陆块、江南造山带和右江造山带的"一陆两带"的格局，按照上述划分，黔西南坳陷仍属于扬子陆块的范畴（王砚耕，1991；刘特民等，2001）。

2.1.1　区域地层

黔西南坳陷地区地表出露和石油探井揭示的最古老地层为泥盆纪（未见底），最新地层为第四系（见图2.1），地层厚度可达6km。根据地球物理资料和锆石年龄，黔西南坳陷深部可能存在着元古界和下古生界变质岩构成的基底。

1. 基底的物质及地层组成

南盘江坳陷及邻区古生代—中生代盆地的基底可能包括古元古代—太古代结晶基底、中元古代—新元古代浅变质基底和早古生代褶皱基底。

1）古元古代—太古代结晶基底

南盘江坳陷区未见古元古代—太古代结晶基底出露，前人对其是否存在很少论及。但根据地球物理资料、区域地质和同位素地质资料等分析，认为本区很有可能存在古老的结晶基底。主要依据是：

（1）地学大断面提示的深部构造反映有深变质结晶基底存在。百色—桂林、桂西北—北部湾等地壳构造剖面，均显示在浅变质的褶皱基底下面普遍存在深变质结晶基底，前者平均密度为2.70～2.75t/m³，后者为2.80t/m³（阎全人等，2000）。

（2）在研究区的邻区已出露古老结晶基底岩系。在马关隆起的西南侧，古元古界的瑶山群出露于元江北岸的河口县夏马—河口县城及蒙自县绿水河一带，大致沿瑶山分布，主要由各类片麻岩、变粒岩夹斜长角闪岩、大理岩组成，岩石普遍混合岩化，总厚度大于3600m（云南省地质矿产局，1990）。

（3）同位素年龄资料反映酸性岩浆岩的源岩是古元古界甚至是太古界的古老陆壳。不同学者在广西桂北、桂东、桂东南、云开地区中酸性岩浆岩的同位素测试表明，花岗岩的源岩年龄最老的达2000～3700Ma（陈焕疆，1986；丘元禧等，1993）。刘玉平等（2009）在贵州贞丰县陇要超基性岩体中的变质岩俘虏体（大理岩、石英岩和绿泥黑云斜长片麻岩）等锆石中测定了113个同位素年龄，其中7个岩浆锆石的$^{207}Pb/^{206}Pb$的年龄值介于2437～2513Ma，亦说明黔西南地区存在古元古代—太古代结晶基底。

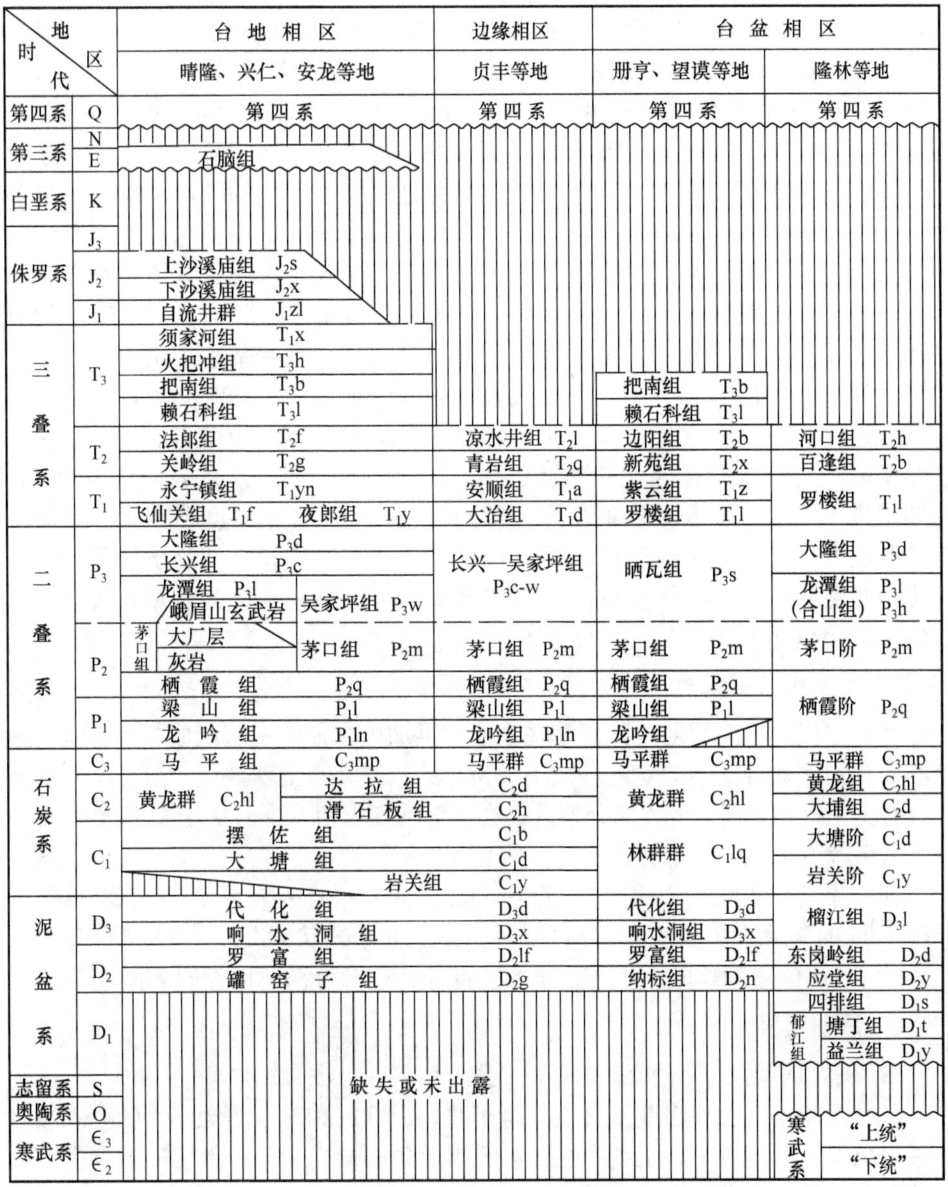

时代		台地相区	边缘相区	台盆相区	
地区		晴隆、兴仁、安龙等地	贞丰等地	册亨、望谟等地	隆林等地
第四系	Q	第四系	第四系	第四系	第四系
第三系	N E	石脑组			
白垩系	K				
侏罗系	J_3				
	J_2	上沙溪庙组 J_2s / 下沙溪庙组 J_2x			
	J_1	自流井群 J_1zl			
三叠系	T_3	须家河组 T_3x / 火把冲组 T_3h / 把南组 T_3b / 赖石科组 T_3l		把南组 T_3b / 赖石科组 T_3l	
	T_2	法郎组 T_2f / 关岭组 T_2g	凉水井组 T_2l / 青岩组 T_2q	边阳组 T_2b / 新苑组 T_2x	河口组 T_2h / 百逢组 T_2b
	T_1	永宁镇组 T_1yn / 飞仙关组 T_1f 夜郎组 T_1y	安顺组 T_1a / 夜郎组 T_1y	紫云组 T_1z / 大冶组 T_1d	罗楼组 T_1l
				罗楼组 T_1l	
二叠系	P_3	大隆组 P_3d / 长兴组 P_3c / 龙潭组 P_3l / 峨眉山玄武岩 / 吴家坪组 P_3w	长兴—吴家坪组 $P_3c\text{-}w$	晒瓦组 P_3s	大隆组 P_3d / 龙潭组(合山组) P_3h
	P_2	茅口组 大厂层 灰岩 / 茅口组 P_2m	茅口组 P_2m	茅口组 P_2m	茅口阶 P_2m
	P_1	栖霞组 P_2q / 梁山组 P_1l / 龙吟组 P_1ln	栖霞组 P_2q / 梁山组 P_1l / 龙吟组 P_1ln	栖霞组 P_2q / 梁山组 P_1l / 龙吟组	栖霞阶 P_2q
石炭系	C_3	马平组 C_3mp	马平群 C_3mp	马平群 C_3mp	马平群 C_3mp
	C_2	黄龙群 C_2hl	达拉组 C_2d / 滑石板组 C_2h	黄龙群 C_2hl	黄龙群 C_2hl / 大埔组 C_2d
	C_1	摆佐组 C_1b / 大塘组 C_1d / 岩关组 C_1y		林群群 C_1lq	大塘阶 C_1d / 岩关阶 C_1y
泥盆系	D_3	代化组 D_3d / 响水洞组 D_3x		代化组 D_3d / 响水洞组 D_3x	榴江组 D_3l
	D_2	罗富组 D_2lf / 罐窑子组 D_2g		罗富组 D_2lf / 纳标组 D_2n	东岗岭组 D_2d / 应堂组 D_2y
	D_1				四排组 D_1s / 郁江组（塘丁组 D_1t / 益兰组 D_1y）
志留系	S	缺失或未出露			
奥陶系	O				
寒武系	ϵ_3 ϵ_2				寒武系 "上统" / "下统"

图 2.1 黔西南地层对比图

2）中—新元古代浅变质岩基底

黔西南坳陷可能具有扬子克拉通的中—新元古代浅变质岩基底岩系特征，虽然在该区并未出露，但其在黔东北梵净山、黔东南和桂北等地有分布，推测研究区的中—新元古代基底岩系可能主要为其相应的延伸部分（江南式基底，任纪舜等，1980）。刘玉平等（2009）在贞丰县陇要超基性岩体中发现有 10 个变质锆石的 $^{207}Pb/^{206}Pb$ 年龄值介于 $1019\sim1147Ma$ 之间，12 个岩浆锆石的 $^{207}Pb/^{206}Pb$ 分布在 $924\sim1001Ma$ 之间，8 个岩浆锆石的 $^{207}Pb/^{206}Pb$ 变化介于 $800\sim900Ma$ 之间，还有 5 个变质锆石的 $^{207}Pb/^{206}Pb$ 介于 $745\sim764Ma$ 之间，从而证实了这一推测。

江南式基底主要露头分布于贵州及桂北地区，由下部的梵净山群四堡群和上部的板溪群组成。梵净山群出露于黔东北梵净山，主要为深水浊积岩及海底喷发火山岩，总厚度可达 $7500\sim10000m$，是一套浅变质岩系；四堡群出露于黔东南及桂北一带，以千枚状粉砂岩、绿泥石石英粉砂岩和绢云母石英千枚岩等为主，厚度大于 2000m。在上述岩系之上桂北还分布有基性火山熔岩，包括细碧岩和火山碎屑岩。上述岩系经武陵运动（四堡运动）褶皱回返，在黔东南及桂北地区有中、酸性岩浆侵入，并普遍发生区域变质。经过这次运动，奠定了扬子准地台的基础，因此武陵（四堡）运动是本区的一次重要的褶皱运动。晚期形成了以板溪群为代表的巨厚复理石沉积，板溪群呈角度不整合于梵净山群（四堡群）之上。板溪群沉积后，经雪峰运动的抬升和区域变质作用，逐渐转化为较稳定的地台。板溪群与上伏震旦系地台盖层间普遍为假整合接触，局部偶见微角度不整合。

3）早古生代褶皱基底

晚古生代—中生代盆地浅层基底主要由早加里东期的地层组成。已出露的盆地基底及物探资料揭示的盆地基底主要为寒武系，其与上覆地层一般为小角度不整合甚至平行不整合，绝大部分地区缺失奥陶系和志留系。主要为深水–次深水相的寒武系，变形强烈，部分地区具有浅变质。

刘玉平等（2009）在贵州省贞丰县陇要超基性岩中获得了 6 个岩浆锆石 $^{206}Pb/^{238}U$ 的年龄值在 $505\sim537Ma$ 之间，另外 6 个岩浆锆石的 $^{206}Pb/^{238}U$ 年龄介于 $405\sim459Ma$ 之间，暗示了该区早寒武世地壳或者再循环地壳的存在。

2. 沉积盖层

黔西南坳陷区主要发育泥盆系—三叠系地层（见图 2.2）。

（1）泥盆系：主要出露于普安县罐子窑、白叶村和珠东等地，为陆棚上相对的深水沉积，出露以中、上统为主，以泥岩及碳酸盐岩为主，上部硅质增多，形成硅质岩、硅质条带灰岩等。

（2）石炭系：依岩性、岩相及古生物面貌等特征分为两种不同类型。在晴隆、紫云、关岭、六枝一带和罗甸、望谟、册亨一线以南为深水台盆相带，主要由硅质岩、含燧石结核的灰岩等组成；其余为浅海相台地相带，主要由浅色灰岩及白云岩等组成，下部常夹石英砂岩、页岩等，为生物礁灰岩。

（3）二叠系：二叠纪早期基本上继承晚石炭世的沉积轮廓，在南北两侧的差异渐趋明显。在北部地区，中下二叠统主要为台地相区的碳酸盐岩，顶部间有玄武岩。南部地区则以台盆相区的碳酸盐岩为主，下部常为砂岩、页岩及泥灰岩等。中上二叠统岩相变化较大，沿关岭、贞丰、安龙一线以西为海陆交互相及陆相（滨海潮坪及冲积平原）的砂页岩夹灰岩及煤系地层，并有玄武岩的喷溢；以东为浅海相（开阔台地）的碳酸盐岩。

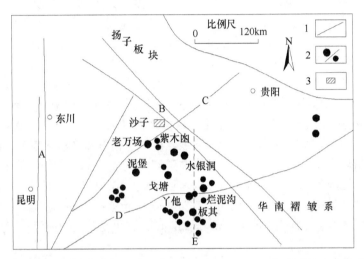

图 2.2 黔西南大地构造位置略图（高振敏，2002；晴隆沙子铊矿床位置据作者）

1—区域性深大断裂；2—金矿床/金矿点；3—晴隆沙子铊矿床；A—小江断裂；B—水城（垭都）—紫云断裂；

C—弥勒—师宗断裂；D—南盘江断裂；E—关岭—册亨隐伏断裂

（4）三叠系：分布广泛，发育良好。这个时期南北两侧的差异明显：大体上在贞丰、册亨、安龙等一线以北（北西），为稳定的台地相区，自早期到晚期，由海相向陆相过渡。中下部以碳酸盐岩为主，上部由碎屑岩夹黏土岩组成；以南（南东）为广海盆地相区，在斜坡地带及广海盆地中常有各种重力流，尤以浊流发育，早期还有火山碎屑沉积。在南北两个相区之间，发育了一条生物礁相带，对南北两侧起一定的隔挡作用。

（5）侏罗系：缺失上统，中下统分布零星，为内陆湖泊沉积，由泥岩、粉砂岩及砂岩等组成，整合或假整合于上三叠统须家河组。

（6）第四系：零星分布，在碳酸盐岩出露区的各级夷平面上的微型洼地中零星分布残坡积红土，于沟谷及喀斯特洼地等低洼处零星分布冲洪积土；在碎屑岩出露区的坡地沟谷中零星分布砂、碎石及块石。碳酸盐岩出露的各级夷平面上的微型洼地中零星分布的残坡积红土中产出红土型金矿或锐钛矿铊矿。

2.1.2 区域构造

研究区区域在大地构造上属扬子板块西南缘，西南侧以三江褶皱带为界，南侧与华南板块紧邻，属大陆型地壳构造域的右江古裂谷。右江古裂谷主要是以西侧的小江断裂（A）、东侧的紫云—垭都断裂（B）、南部开远—平塘断裂（D）控制的三角形裂谷区（见图 2.1）。裂谷作用自泥盆纪开始到三叠纪结束，裂谷沉积演化过程中伴随着广泛的岩浆活动，如中二叠世晚期出现陆相为主兼有海相的大规模峨眉山玄武岩浆喷发，到早、中三叠世火山岩及相应的浅成侵入体（集中发育于裂谷中部南盘江流域及其以南地区），是金及汞、砷、锑、铊等重要的成矿带（高振敏等，2002）。贵州晴隆沙子大型铊矿床产于此成矿带内。

研究区区域以小江断裂带与康滇陆块相邻，东南则以师宗—弥勒断裂带与右江造山带相接，属扬子陆块构造单元。自古生代以来，岩浆活动频繁，构造运动强烈，矿产丰富。表层构造变形较为强烈，其主体属前陆冲断褶皱带。在平面上，应变的分带现象明显，强应变域多呈线性延伸；弱应变域则呈菱形或三角形块体。其构造方位比较复杂，主要深大断裂构造以 NW、NE 为主，构成了扬子陆块西南缘特殊的构造轮廓。正是由于贵州西部处于这样一个特殊的构造位置，造成该区构造活动频繁，深大断裂为地球深部与表层的物质和能量沟通创造了极好的条件，同时也奠定了贵州西部矿产的形成。

研究区区域深大断裂构造以 NE 向和 NW 向断裂构造为主，SN 向、EW 向断裂构造次之（见图 2.2）。黔西南地区的表层构造见图 2.3。

1．NE 向断裂构造

（1）弥勒—师宗—盘县—黔西 NE 向断裂带：南起弥勒，经师宗—盘县，北至黔西一带，延伸约 500km。该断裂呈 SW 端收敛，NE 端撒开。断裂带 NW 盘以上以古生界地层为主，SE 盘主要为广泛分布的三叠系地层，具有向 SE 方向逆冲推覆特征，倾角 40°～60°。断裂带各类剪切变形构造和糜棱岩发育，具有剪切带的某些特征。

（2）南盘江 NEE 向断裂带：南自开远，沿南盘江经隆林—册亨，北至平塘一带，沿 NEE 方向延伸约 400km。该断裂带由许多次级断裂组成，断裂带两侧重力异常差异明显，三叠纪沉积相变剧烈。

2．NW 向断裂构造

水城—关岭—紫云—巴马 NW 向断裂沿北盘江东侧呈 NW-SE 向延伸。在泥盆纪和石炭纪主要表现为 NW 向隆起和凹陷，在燕山运动时期呈现出断续分布的系列褶皱与断裂。该断裂带在东部紫云—巴马一带逐渐收敛，在西部水城一带则逐渐撒开呈束状分布。断裂带强烈糜棱岩化和片理化，糜棱岩发育。

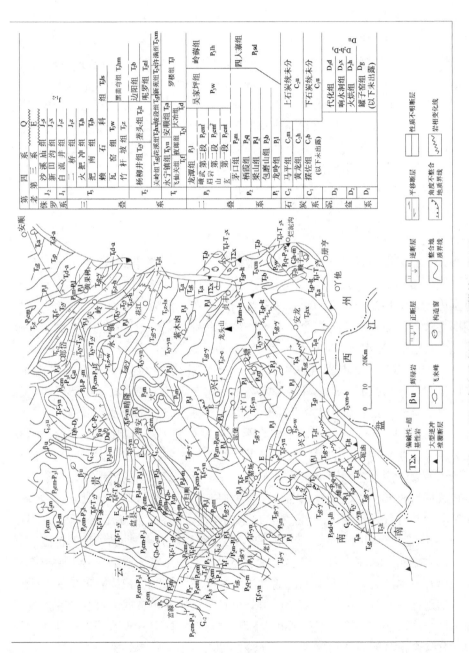

图 2.3 黔西南地质略图（王砚耕等，2000）

3. SN 向断裂构造

（1）小江 SN 向断裂带：南起云南个旧，经开远、宜良、寻甸，北至巧家一带，长约 500km。该断裂带为右江裂谷重要的西部边界断裂，具有长期活动特点。小江断裂带在很大程度上控制了右江裂谷的构造—岩浆—成矿等地质作用。

（2）关岭—册亨—富宁 SN 向隐伏断裂带：南起富宁—那坡一带，经册亨，北至关岭—安顺一带，长约 250km。该断裂带在册亨赖子山一带表现为一条长数十千米的南北向断裂构造，在贞丰百层为偏碱性超基性岩体群产出，册亨至紫云一带晚二叠世至中三叠世的沉积相变突然偏转呈南北向展布，与其东西两侧相变带的 NEE 向延伸迥然不同（聂爱国，2009）。

2.1.3　区域岩浆岩

该区分布最广的岩浆岩为玄武岩，隶属峨眉山大火成岩省（ELIP）。ELIP 分布于中国西南扬子克拉通的西部，呈菱形分布在南北近 1000km、东西近 900km 的范围内，通常将龙门山逆冲断裂和哀牢山—红河走滑断裂分别当作该大火成岩省的西北边界和西南边界。在思茅盆地、越南北部和羌塘地块中也有玄武岩和镁铁质-超镁铁质杂岩出露，它们可能是 ELIP 的外延部分。

ELIP 的形成被认为与地幔柱作用有关。地幔柱观点得到了许多证据的支持。首先，地幔柱理论推断，地幔柱的异常热上涌将会引起上覆岩石圈弯形隆升，岩石圈的弯形隆升应当在沉积上留下痕迹，如隆升区上方局部变浅和减薄，以及玄武岩与下伏沉积岩系之间的剥蚀不整合等。何斌等利用差异剥蚀的方法对 ELIP 下伏茅口组灰岩生物地层的对比及其二者之间的界面特征进行了大量研究。通过考察扬子西缘峨眉山玄武岩下伏茅口灰岩，并进行区域生物地层对比，发现茅口灰岩在玄武岩喷发前存在差异剥蚀，而且茅口灰岩等厚线呈似圆状分布。剥蚀程度在空间上呈有规律的变化，自西到东可分为深度剥蚀带（内带）、部分剥蚀带（中带）、古风化壳或短暂沉积间断带（外带）和连续沉积带。整个剥蚀区的范围同峨眉山玄武岩分布区基本一致。通过剥蚀地层的厚度和热带环境下灰岩剥蚀速率估计地壳抬升发生的时限小于 3Ma，通过川滇古陆东北缘的冲积扇和茅口灰岩的剥蚀特征确定地壳抬升高度大于 1km。由此可见，在峨眉山玄武岩喷发之前，扬子西缘有过一次快速的、千米级的弯状隆起，这与地幔柱上升导致地表抬升的理论模型十分吻合，从而为 ELIP 形成的地幔柱撞击成因模式提供了强有力的证据。其次，经典地幔柱理论认为，地幔柱起源于深部地幔，因此，地幔柱必定携带了大量来自深部的高温物质，形成温度较高的接近原始岩浆成分的苦橄岩被认为是地幔柱存在的岩石学证据之一。有学者在 ELIP 西部的云南丽江地区发现了与峨眉山玄武岩共生的苦橄质熔岩，该项发现具有重要的地质学意义，为峨眉山地幔柱的存在提供了一个关键性证据。

与地幔柱有关的溢流玄武岩的喷发时间往往局限在几个百万年之内。峨眉山玄武岩覆盖在茅口灰岩之上，被吴家坪阶的宣威组或龙潭组所覆盖。对于 ELIP 主喷发期，学者们的观点也不尽相同。范蔚茗等人（2004）认为 ELIP 的大规模火山作用发生在 253～256Ma，其中 251～253Ma 的中酸性岩浆岩代表了该火成岩事件的晚期产物。Shellnutt 等人（2008）认为峨眉山玄武岩的持续时间可能大于18Ma。其中，260Ma 左右代表了地幔柱活动时间，252Ma 可能是镁铁质岩浆底侵作用时期，而晚期的 242Ma 则是华南和华北克拉通碰撞后松弛阶段的产物。朱江等（2011）对 ELIP 东部贵州盘县峨眉山玄武岩系顶部近 100m 厚凝灰岩层进行了LA-ICP-MS 锆石 U-Pb 定年，结果为（251.0±1.0）Ma。该结果代表了 ELIP 火山作用喷发结束的时间，与华南地区的 P-T 分界线年龄基本相同，同时还与西伯利亚大火成岩省喷发的主体时间一致。

由于 SHRIMP 锆石 U-Pb 定年研究存在着一定的缺点，一是基性-超基性层状岩体的年龄并不真正代表玄武岩喷发的年龄，无法获得火山作用的真正喷发时限。再有就是锆石 U-Pb 定年误差较大，分析误差可能大于火山活动的持续时间，所以对峨眉山火成岩喷发的持续时间不能很好地把握，因而在地幔柱识别时难以提供有力的判断依据。

徐义刚等（2013）利用更高精度的年代学技术（ID-TIMS）进行了年龄测定。结果表明，采自石译大理江尾县峨眉山玄武岩顶部的酸性火山岩夹层、贵州威宁县和四川广元朝天剖面的界线黏土岩，锆石 U-Pb 定年给出的年龄为分别为（258.9±0.5）Ma 和（258.1±0.6）Ma 和（258.6±1.4）Ma。有关基性超基性、花岗岩侵入体所获得的高精度 ID-TIMS 数据 258～259Ma，表明峨眉山玄武岩喷发时限在 258～259Ma，持续时间小于 1Ma。

峨眉山玄武岩从岩石组合上可分为两大类，即玄武质熔岩组合与玄武质火山碎屑岩组合。玄武质熔岩组合包括喷发于陆地之上而后冷却熔岩和流入水体中突然冷却而形成龟裂状、角砾状、砾状、球粒状构造的熔岩-淬碎玄武岩；玄武质火山碎屑岩组合包括玄武质熔结火山碎屑岩、玄武质火山碎屑熔岩、玄武质沉火山碎屑岩、玄武质正常火山碎屑岩等（陈文一等，2003）。

按照峨眉山玄武岩的产出状态、喷发特点及岩石地球化学特征，宋谢炎等（2002）将峨眉山玄武岩省由东向西分成 4 个岩区，即贵州高原岩区、攀西岩区、盐源—丽江岩区和松潘—甘孜岩区，如图 2.4 所示。在地球化学特征上贵州高原岩区的玄武岩显示低 Mg、高 Ti，相对贫 Ca、富 Fe，碱钙性区显然偏碱，固结指数明显较低等特点。林盛表（1991）研究论证了峨眉山玄武岩的原始岩浆既不是典型的拉斑玄武岩系列，也不是典型的碱性玄武岩系列，其成分分布在二者的界线上。

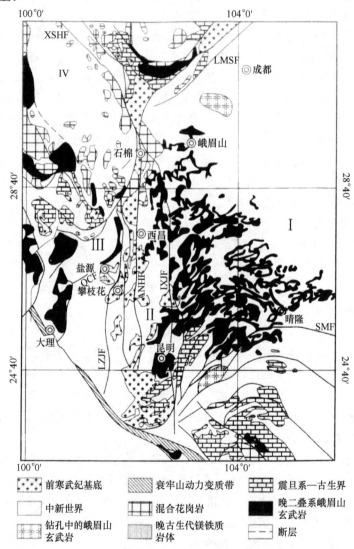

图 2.4　峨眉山大火成岩省地质略图（据宋谢炎等，2002）

Ⅰ—贵州高原区；Ⅱ—攀西岩区；Ⅲ—盐源—丽江岩区；Ⅳ—松藩—甘孜岩区；QCF—青河—程海断裂；
LZJF—绿汁江断裂；ANHF—安宁河断裂；XJF—小江断裂；SMF—师宗—弥勒断裂；LMSF—龙门山断裂；
XSHF—鲜水河断裂

（1）高原区玄武岩：主要覆盖于右江裂谷和扬子板块上。在贵州部分，玄武岩依其化学组分可将其分为钙性区（里特曼指数 δ 平均 1.56）、钙碱性区（δ 平均 2.54）及碱钙性区（δ 平均 6.09）（聂爱国等，2007）；黔西南地区峨眉山玄武岩主要分布于兴仁—瓮安—毕节以西地区。此外，据石油钻井资料（黄开年，1986），在南盘江北侧的兴义、罗平地区，三叠系地层之下有数百米至千米厚的峨眉山玄武岩分布，表明了峨眉山玄武岩的广泛分布。

（2）次火山岩（辉绿岩）：主要分布在望谟—罗甸、普安—盘县一带，主要呈岩床或岩盆，大多数整合侵入石炭系、二叠系、三叠系地层，规模一般不大，在矿物成分、结构构造和岩石化学成分上与峨眉山玄武岩极为相似，多属于二叠纪峨眉山玄武岩的次火山岩相。

（3）偏碱性基性、超基性岩：仅分布于贞丰、镇宁、望谟三县交界处，呈岩脉、岩墙、岩枝、岩楔，个别呈岩筒状，侵入于早二叠世至中三叠世地层中。岩体规模小，一般宽数十厘米至数米，长数十米。岩石以斑状橄云辉岩为主，其次为斑状云橄辉岩、斑状辉橄云岩及斑状橄辉云岩（李文亢等，1988；高振敏等，2002）。

2.2 区域矿产

黔西南矿产资源丰富，分布着多种金属与非金属矿产。其中二叠纪峨眉地幔热柱活动导致的大规模的玄武岩浆的喷发带来了大量的成矿物质，形成了中低温矿产，如金、锑、钛、汞、砷、铊、铅、锌等矿床；部分外生矿产，如高砷煤、高汞煤、高氟煤等矿床。除此之外，形成的矿产还有硫铁矿、雄黄、萤石、石膏、重晶石、硅石、玉石、膨润土、高岭土等。

黔西南矿床主要有以下几大类（见表 2.1）：

（1）金矿。金矿主要分布于黔西南地区，有微细浸染型和红色黏土型金矿床两大类型。微细浸染型金矿床主要以沉积岩为赋矿围岩，根据容矿岩石特征的差异，又可分为 3 个亚类：①产于不纯碳酸盐岩中的微细浸染型金矿床，包括水银洞金矿、紫木凼金矿；②产于陆源硅质碎屑岩中的微细浸染型金矿床，如烂泥沟金矿、丫他金矿、板其金矿；③产于凝灰岩中的微细浸染型金矿床，如泥堡金矿。

红色黏土型金矿床指原生金矿经过原地或者迁移不彻底的氧化作用和风化作用之后堆积形成的金矿床（王砚耕等，1994）。黔西南地区红色黏土型金矿多为卡林型金矿的原生矿、大厂层及峨眉山玄武岩等风化富集形成，如老万场金矿等。

（2）锑矿。锑矿主要分布于黔西南地区，赋矿层位主要为大厂层，矿床类型属于层控型火山沉积-后期改造矿床，如晴隆大厂锑矿。

（3）铊（汞）矿。铊（汞）矿主要分布于黔西南地区，赋矿层位主要为晚二叠世龙潭组和长兴组含煤岩系，汞铊在同一矿床中伴生出现，矿床类型属于层控型火山沉积-后期改造矿床，如兴仁滥木厂铊（汞）矿。

（4）高砷煤。高砷煤贵州西部地区未发现以独立矿物形式存在的砷矿床，砷通常与金锑汞铊构成成矿系列。而分布于黔西南地区的高砷煤也较具有代表性，矿床类型属于沉积-改造型矿床，如兴仁、潘家庄高砷煤、交乐高砷煤。

（5）钛矿。通过近几年地质勘查，在晴隆沙子地区发现了大型锐钛矿床，属于残坡积型矿床。

（6）铊矿。通过近几年地质勘查，在晴隆沙子地区发现了大型独立铊矿床，暂定为残坡积型矿床。

表 2.1　贵州西部地区主要矿种及矿床类型

位置	矿种	类型	亚类	矿床实例
黔西南	金矿	微细浸染型	①不纯碳酸盐岩型	水银洞、紫木凼
			②陆源硅质碎屑岩型	烂泥沟、丫他
			③火山碎屑岩（凝灰岩型）	泥堡
		红色黏土型	①崩塌堆积型	老万场
			②原地或准原地残积型	沙锅厂
	锑矿	层控型火山沉积-后期改造矿床		晴隆大厂
	铊（汞）矿	层控型火山沉积-后期改造矿床		兴仁滥木厂
	高砷煤	沉积-改造型矿床		兴仁交乐
	钛矿	残坡积型矿床		晴隆沙子
	铊矿	残坡积型矿床		晴隆沙子

第3章
晴隆沙子钪矿床地质特征

● 3.1 矿区地质特征

3.1.1 矿区地层

通过对晴隆沙子钪矿区进行地质勘查工作，矿区出露地层为二叠系中统茅口组，二叠系上统峨眉山玄武岩组、龙潭组及第四系（见图 3.1），矿区地层具体描述如下。

地层单位			代号	柱状	厚度/m	岩性	赋矿层位
系	统	组					
第四系			Q^{pal}	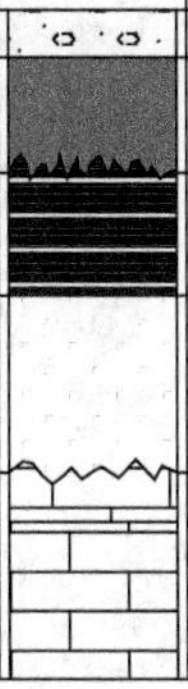	0～5	冲洪积物、坡积物黄土及砾石	
			Q^{esl}		0～50	残坡积物红土、黄土夹玄武岩、硅质岩、黏土岩等角砾	锐钛矿、钪矿
二叠系	上统	龙潭组	P_3l		156～400	灰、黄灰、黄褐色泥岩、砂岩，夹灰岩及煤层	
		峨眉山玄武岩组	$P_3\beta$		130～180	灰绿、深灰色峨眉山玄武质熔岩、玄武质火山角砾岩及玄武质火山凝灰岩	
	中统	茅口组	P_2m		286	浅灰至深灰色厚层及块状含蜓生物灰岩	

图 3.1 矿区地层综合柱状表图

1. 第四系（Q）

1）冲洪积（Q^{pal}）

分布于矿区低洼的冲沟及喀斯特谷地。岩性为黄色、杂色砾、砂，结构松散。与下伏地层为角度不整合接触，厚度 0～5m。

2）残坡积（Q^{esl}）

分布在矿区相对平缓的喀斯特剥夷面上的丘丛或斜坡地带微型洼地内。岩性主要为红色黏土及亚黏土，黏土中常含角砾，角砾成分多为玄武岩、硅质灰岩、硅质岩及凝灰岩等，砾石大小不等，2mm 至数 10cm。厚度变化大，一般 5m 左右，大者 43m。残坡积的下部常嵌入石芽、溶沟等微喀斯特形态中，是锐钛矿、钪矿的主要产出层位。与下伏地层为角度不整合接触，厚度 0～43m。下伏地层为茅口组灰岩。（见彩插照片 1～4）

2. 二叠系上统龙潭组（P₃l）

分布于研究区西部及西北部外侧，区内仅见局部分布。岩性为灰绿色、灰色、褐黄色薄至中厚层泥岩夹岩屑砂岩。下部为灰色中厚层铝土质泥岩、硅质岩。中下部夹 2 层或 3 层煤及砂质泥岩。与下伏峨眉山玄武岩组为假整合接触，未见顶厚度大于 150m。

3. 二叠系上统峨眉山玄武岩组（P₃β）

由玄武质熔岩、玄武质熔岩角砾岩、火山碎屑岩及拉斑玄武岩、凝灰岩等组成。峨眉山玄武岩在研究区分布较广。该组地层与下伏地层为假整合接触，厚度130～180m。

4. 二叠系中统茅口组（P₂m）

分布于研究区内大部分地区。岩性为灰色、深灰色中厚层夹厚层泥晶、亮晶生物屑灰岩及灰岩，生物以䗴科为主。与下伏栖霞组地层为整合接触，厚度80～120m。

3.1.2 矿区构造

晴隆沙子钪矿区位于碧痕营穹隆背斜西北翼。矿区构造主要为向西北倾斜的单斜构造，地层走向 NE 25°～35°，倾向北西，倾角平缓，14°～19°变化。小褶曲不发育，偶见中-薄层灰岩中有小的牵引褶曲。

区内断裂构造发育，见有断层 3 条，分别编号为 F₁、F₂、F₃。

F₁——详查区东南角分布，为详查区 NE 向断裂组中一条断层。该断层从详查区东南斜切，走向 NE 30°～45°。呈 S 形展布，倾向 NW，倾角 75°，上盘下降并向南西移动，为正平移断层。

F₂——详查区东北角分布，与 F1 断层性质相同。在详查区内被 F3 断层错失。

F₃——位于详查区中部。走向 NW，产状不明，性质不明。

除断层外，岩层垂直裂隙十分发育，沿垂直裂隙发育大大小小溶沟、溶槽或落水洞。

沙子钪矿床地质略图如图 3.2 所示。

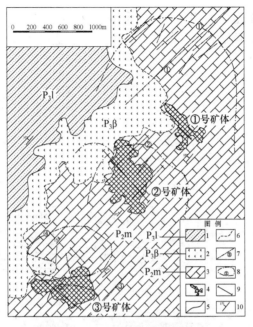

图 3.2　沙子钪矿床地质略图

1—二叠系上统龙潭组煤系；2—峨眉山玄武岩；3—二叠系中统茅口组石灰岩；4—钪矿体；5—地质界线；
6—喀斯特不整合界线；7—遥感解译线性构造；8—遥感解译环形构造；9—代表性勘探线剖面；10—地层产状

3.1.3　矿区岩浆岩

矿区岩浆岩为峨眉山玄武岩，其厚度多在 200m 以下（郑启玲等，1989）。

区内玄武岩多为灰绿色及深灰色，成分有玄武质熔岩、玄武质火山角砾岩及玄武质火山凝灰岩等，区内玄武岩中主要造岩矿物为单斜辉石及斜长石。这些玄武岩的构造为致密块状，柱状节理发育（见彩插照片 8、9），还可见玄武岩水液浸边形成的淬火现象（见彩插照片 13、14）。矿区内赋存于茅口喀斯特岩溶不整合面之上的玄武岩（见彩插照片 15）经风化后形成半风化玄武岩，部分黏土化、褐铁矿化明显（见彩插照片 16），这些半风化玄武岩又会进一步风化形成黏土岩和红土，即矿区内的主要矿体（见彩插照片 10、11、12、17、18）。

● 3.2　矿体特征

钪矿赋存于二叠系中统茅口灰岩喀斯特不整合面之上的第四系残坡积红土中。空间上，钪矿体呈北东南西向排布（见图 3.2），主要分布在梭寨以南、马尿塘、水山冲以南 3 个地区的相对平缓的台地上或斜坡地带喀斯特剥夷面上。依次形成①号钪矿体、②号钪矿体及③号钪矿体（见彩插照片 5、6、7）（聂爱国等，2011），见图 3.2 及图 3.3。

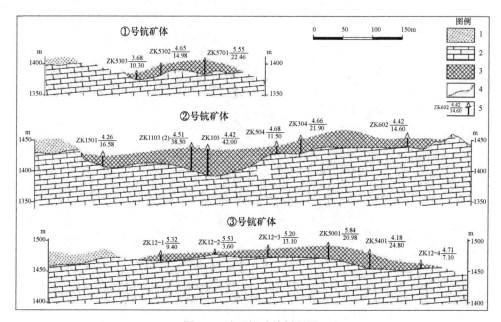

图 3.3 沙子钪矿体剖面图

1—峨眉山玄武岩；2—中二叠统茅口组石灰岩；3—锐钛矿体；4—喀斯特不整合面；5—已竣工钻孔

3.2.1 ①号钪矿体特征

①号矿体产于茅口灰岩顶部喀斯特洼地中。矿体在地表呈北西-南东向的不规则状，剖面为似层状，分布于海拔 1365.70～1406.29m 标高的喀斯特丘丛上的微型洼地中。地表分布面积约 71655m²，长 498～665m、宽 21～60m 是该矿床规模最小的矿体。厚度 4.40～22.46m，厚度变化系数 43.5%，变化较稳定（见图 3.3）。Sc_2O_3 平均品位 67.45×10^{-6}，品位变化系数 12.5%，变化稳定。（332+333）Sc_2O_3 资源量 148.47t，占全矿床 Sc_2O_3 总资源量的 8.5%（见彩插照片 19）。

3.2.2 ②号钪矿体特征

②号矿体产于茅口灰岩顶部喀斯特洼地中。矿体在地表呈北北西-南南东向的不规则透镜状展布，剖面为似层状，矿体地表分布面积约 297982m²，是该矿床规模最大的矿体。分布于海拔 1365.70～1406.29m 标高的喀斯特丘丛上的微型洼地

中，长 580～955m、宽 93～590m、厚度 2.70～42.0m，厚度变化系数 42.5%，厚度变化较稳定（见图 3.3）。Sc_2O_3 平均品位 $73.05×10^{-6}$，品位变化系数 16.7%，变化稳定。（332+333）Sc_2O_3 资源量 948.54t，占全矿床 Sc_2O_3 总资源量的 54.3%（见彩插照片 20、21）。

3.2.3 ③号钪矿体特征

③号矿体产于茅口灰岩顶部喀斯特洼地中。矿体在地表呈近东西向的不规则状展布，剖面为似层状，分布于海拔 1491.16～1498.45m 标高的喀斯特丘丛上的微型洼地中。矿体地表分布面积约 204135m²，长 320～789m、宽 155～465m、厚度 3.50～24.8m，厚度变化系数 41.7%，厚度变化较稳定（见图 3.3）。Sc_2O_3 平均品位 $83.135×10^{-6}$，品位变化系数 14.9%，变化稳定。（332+333）Sc_2O_3 资源量 650.41t，占全矿床 Sc_2O_3 总资源量的 37.2%（见彩插照片 22）。

● 3.3 矿石特征

3.3.1 矿石类型

矿石类型为氧化矿石，大体可分为 5 类：黏土质氧化矿石、硅质黏土质氧化矿石、硅质凝灰质黏土氧化矿石、铁锰氧化物硅质黏土氧化矿石及高岭土硅质氧化矿石。

（1）黏土质氧化矿石。结构松散如土，多见粉砂泥状结构，在大多数钻孔的 3～10m 深度可见，近地表颜色多为红褐色，向下颜色逐渐变浅至灰白色，其间杂夹有原岩（硅质岩、角砾状黏土岩碎块，块度一般小于 2cm）。

（2）硅质黏土质氧化矿石。矿石为碎屑碎块状，岩块大小不一，杂乱分布于喀斯特负地形中，岩块成分以硅质岩及硅化灰岩为主，硅质岩中杂有较多褐铁矿化，并被黏土混杂，硅质岩中大多数见不同程度的褐铁矿化，越向深部硅质碎块越大，局部保存原岩层理且在绝大部分钻孔中均可见此类矿石。

（3）硅质凝灰质黏土氧化矿石。矿石呈碎粉状及碎块状，杂乱分布，凝灰质风化为紫灰色粉粒，向下可见到风化弱的块状凝灰岩。

（4）铁锰氧化物硅质黏土氧化矿石。此类矿石成分较复杂，矿石中有硅质岩、高岭土、玄武岩等碎块，褐铁矿化较强，在钻孔中于深部（大多数在大于 20m 深钻孔中）见锰土、玄武岩碎块，褐铁矿团块。可见锰矿呈不规则透镜体团块杂于硅质黏土矿石中，呈斑杂状构造或褐铁矿团块杂于硅质黏土矿中。

（5）高岭土硅质氧化矿石。呈白色块状或斑杂状构造，纯白高岭石多出现在深部近茅口灰岩顶板处（聂爱国，2015）。

3.3.2 矿石矿物和脉石矿物

矿石成分复杂，除含矿的黏土及亚黏土外，还保留有原岩中的褐铁矿化玄武岩、褐铁矿化硅质岩、黏土质硅质岩，黏土化玄武质沉火山碎屑岩夹黏土岩等。

3 个矿体的矿石主要为红色、黄色钪–锐钛矿黏土及亚黏土，黏土中常含角砾，角砾成分多为玄武质火山碎屑岩、黏土质硅质岩、铁锰质黏土岩、凝灰岩等，砾石大小不等，两毫米至数十厘米。

矿石矿物主要有锐钛矿、褐铁矿、少量磁铁矿、钛铁矿、黄铁矿、毒砂，钪矿不形成独立矿物，钪矿主要以类质同象形式赋存于锐钛矿中，以吸附状态存在于黏土矿物及褐铁矿中（在第 4 章详细论述）。

脉石矿物主要有高岭石、绢云母、绿泥石、石英，其次可见单斜辉石、斜长石、偶见锆石、电气石、绿帘石等。

次要矿物包括磁铁矿、钛铁矿、锆石、绿帘石、电气石、石英等（见彩插照片 25、26）。

光薄片镜下观察、X 射线粉晶衍射分析、人工重砂分析、电子探针分析等研究发现，矿石中含有氧化物、硅酸盐、硫化物 3 类共 14 种矿物，其中氧化物约占 38.7%，硅酸盐约占 61%，硫化物偶见；其中锐钛矿占 4.6% 左右。矿物组成及含量见图 3.4 及表 3.1（聂爱国，2015）。

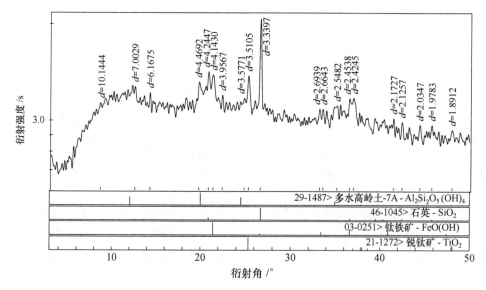

图 3.4 原矿 X 射线粉晶衍射图（聂爱国，2015）

表 3.1　晴隆沙子钪矿床矿物成分简表（聂爱国，2015）

类　型	矿物名称	化 学 式	粒度/mm	含 量/% 左右
氧化物	锐钛矿	TiO_2	0.003～0.09	4.6
	褐铁矿	$FeOOH$	<0.004 0.05～0.3	25
	石英	SiO_2	0.05～0.1	9
	磁铁矿	Fe_3O_4	<0.06	0.1
	钛铁矿	$FeTiO_3$	<0.06	偶见
硅酸盐	高岭石	$Al_4[Si_4O_{10}](OH)_8$	<0.004	48
	绢云母	$K\{Al_2[AlSi_3O_{10}](OH)_2\}$	<0.03	9
	绿泥石	$(Mg,Fe,Al)_3(OH)_6\{(Mg,Fe2+,Al)_3$ $[(Si,Al)]_4O_{10}(OH)_2\}$	<0.03	3
	斜长石	$Na[AlSi_3O_8]$	0.01～0.2	<1
	锆石	$ZrSiO_4$	0.05～0.1	偶见于重砂中
	电气石	$Na(MgFeLiAl)_3Al_6[Si_6O_{18}]$ $[BO_3]_3(OH,O,F)_4$	0.05～0.15	
	绿帘石	$Ca_2FeAl_2[Si_2O_7][SiO_4]O(OH)$	0.05～0.15	
硫化物	毒砂	$FeAsS$	0.05～0.15	偶见于重砂中
	黄铁矿	FeS_2		
合计				99.7

3.3.3　矿石结构构造

1. 矿石结构

（1）自形晶结构。自生石英多呈自形晶结构，可见自生石英包裹早期微细粒石英及泥质形成雾心结构（见彩插照片 27）。

（2）显微鳞片状结构。矿石中的绿泥石、高岭石、绢云母等矿物多呈显微鳞片状，无序分布，粒度常小于 0.03mm，构成显微鳞片状结构（见彩插照片 28）。

（3）泥质结构。泥质结构为矿石主要结构，主要由铁质、泥质组成，粒度多数小于 0.004mm，不论是变余斑晶还是基质，多数均由泥质组成，部分泥质具重结晶现象，重结晶成高岭石、绢云母等矿物，构成矿石的泥质结构（见彩插照片 29）。

（4）细砂结构。细砂结构为少见的结构，部分矿石为细砂岩，主要由碎屑颗粒和填隙物组成，杂基支撑，基底式胶结，碎屑颗粒粒度在 0.05～0.25mm，主要为石英、黏土矿物集合体，填隙物为铁泥质，构成矿石的细砂结构（见彩插照片 30）。

（5）蚀变粉砂结构。蚀变粉砂结构为矿石中偶见的结构，部分矿石为蚀变的粉砂岩，主要由碎屑颗粒和填隙物组成，杂基支撑，基底式胶结，碎屑颗粒主要是石英，棱角状，粒度为 0.01～0.05mm，填隙物为铁泥质，多数重结晶为绢云母、高岭石等矿物（见彩插照片 31）。

（6）变余斑状结构。变余斑状结构为基质具变余泥质结构，它是矿石的次要结构，部分矿石的原岩为火成岩的喷出岩。原岩斑晶组成已不能分辨，现主要由铁质、泥质（高岭石、绢云母等）组成，其混合集合体常呈板状、柱状、浑圆状，可见溶蚀现象、碎裂现象和聚斑现象，边缘均较为清晰。基质主要由粒度小于 0.004mm 的铁泥质组成，含少量碎屑颗粒，铁泥质单偏光下呈显微鳞片状，正交偏光下显微弱光性或不显光性，多为隐晶质，部分重结晶成绢云母，无序排列，碎屑颗粒有石英、云母、长石等矿物，呈棱角状、他形粒状，杂乱分布（见彩插照片 32）。

其次有微晶结构、假象结构、胶态结构、交代残余结构、蚀变填间结构、粉砂结构及细砂结构等。

2. 矿石构造

肉眼观察，矿石呈土黄色、浅褐色、灰色，疏松土块状（主要为土块状构造），其次还见块状、蜂窝状、角砾状构造（见彩插照片 17、18）。

第4章
成矿元素赋存状态

目前，大量钪矿资料分析表明，钪在矿物中的赋存状态，大致可分为以下3种。

（1）以类质同象的形式置换掉相对应的离子分散于矿物中，可以说是作为矿物的杂质元素，戈尔德·施密特认为 Sc^{3+} 与 Fe^{3+} 和 Mg^{2+} 的类质同象极其重要，是否能在矿物中发生类质同象，主要取决于它对其他共存大量元素的某些性质的综合相似性。Sc^{3+} 的离子半径和配位数，以及电负性等特性使得它可与许多其他离子进行类质同晶置换（Weast Robert C，et al，1978）。在之后的几十年中，大量的研究成果表明 Sc^{3+} 与其他具有综合相似性的离子的确会存在多种样式的类质同象，按照类质同象的离子是否同价可以分为两类：第一类是异价类质同象，如 $Sc^{3+} \rightarrow Fe^{2+}$，$Mg^{2+}$ 等，或者 $Sc^{3+} \rightarrow Ti^{4+}$，$Zr^{4+}$，$Sn^{4+}$，$Nb^{4+}$，$Ta^{4+}$ 及 W^{4+}，In^{4+}；第二类是同价类质同象，如 $Sc^{3+} \rightarrow Fe^{3+}$，$Al^{3+}$。

（2）呈离子状态被吸附在一些矿物的表面或矿物颗粒间，如在一些风化岩石中，一些造岩矿物如辉石、橄榄石、角闪石中的钪，一部分会从矿物的晶格中分离出来，在酸性介质中呈易溶络硫酸盐或卤化物迁移，而在碱性介质中呈络碳酸盐形式迁移，之后随之迁移，最终再沉淀或吸附于一些黏土矿物中，如云母类矿物。

（3）作为矿物的基本组成元素，以离子化合物形式赋存于矿物的晶格中，是构成矿物必不可少的成分，如钪钇石、水磷钪矿、铍硅钪矿和钛硅酸稀金矿。即使在风化条件下，一些矿物如钪钇石、锆石、锡石等矿物中的含钪基团不发生分解，而与这些矿物一起保留下来。

通过电子探针测试、扫描电镜分析、X 衍射分析、工艺矿物学分析、钪矿选矿试验等技术手段，对黔西南晴隆沙子钪矿床的成矿元素赋存状态论述如下。

● 4.1 矿物的嵌布特征

4.1.1 氧化物

锐钛矿：化学式是 TiO_2，含量为 4.6%左右，是矿石中主要回收对象，为 Sc 元素的主要载体矿物。经电子探针成分分析，锐钛矿含 Ti 量为 51.37%，含 O 量为 47.72%，含 Si 量为 0.91%，见图 4.1 和图 4.2。锐钛矿是 Sc 元素的载体矿物，其含 Sc_2O_3 不均匀，部分区域约为 0.1%，部分约为 0.03%；含 TiO_2 量为 87%～95%，由于蚀变的缘故，含量也不均匀；另外，锐钛矿中还含有少量其他元素，详见表 4.1 中的 Norm 数据栏，电子图像见图 4.3 和图 4.4。

谱图处理：
没有被忽略的峰

处理选项：所有经过分析的元素（已归一化）
重复次数：=4

标准样品：

O … SiO_2 … 1-Jun-1999·12∶00AM

Si … SiO_2 … 1-Jun-1999·12∶00AM

Ti … Ti … 1-Jun-1999·12∶00AM

元素	质量百分比/%	原子百分比/%
O·K	47.72	72.96
Si·K	0.91	0.80
Ti·K	51.37	26.24
总量	100.00	100.00

图 4.1 锐钛矿电子探针成分分析及图谱

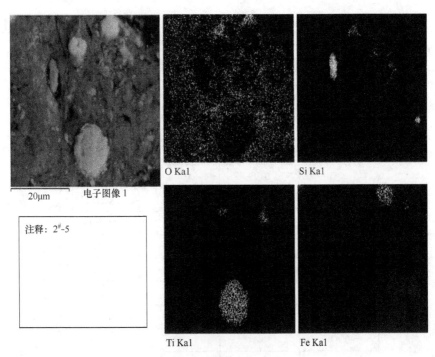

图 4.2   锐钛矿电子成分像

表 4.1   锐钛矿的电子探针分析结果

样品号	化学式	质量百分比/%	归一化百分比/%	相对原子质量百分比/%	矿 物
0021	Al_2O_3	1.068	1.095	0.2054	锐钛矿
	MgO	0.061	0.063	0.0149	
	SiO_2	1.845	1.892	0.3012	
	CaO	0.109	0.112	0.0190	
	FeO	1.108	1.136	0.1513	
	TiO_2	93.210	95.596	11.4418	
	MnO	0.006	0.006	0.0008	
	K_2O	0.006	0.006	0.0012	
	Sc_2O_3	0.091	0.093	0.0129	
	Total	97.504	100.000	12.1485	
0022	Al_2O_3	1.022	1.031	0.1948	
	MgO	0.214	0.216	0.0515	
	SiO_2	1.434	1.446	0.2318	

（续表）

样品号	化学式	质量百分比/%	归一化 百分比/%	相对原子质量 百分比/%	矿　物
0022	CaO	0.109	0.110	0.0188	锐钛矿
	FeO	2.318	2.338	0.3134	
	TiO$_2$	93.920	94.728	11.4177	
	MnO	0.003	0.003	0.0004	
	K$_2$O	0.019	0.019	0.0040	
	Sc$_2$O$_3$	0.108	0.109	0.0152	
	Total	99.147	100.000	12.2476	
0023	Al$_2$O$_3$	0.307	0.310	0.0569	
	MgO	0.011	0.011	0.0025	
	SiO$_2$	8.330	8.400	1.3105	
	CaO	0.048	0.048	0.0081	
	FeO	1.084	1.093	0.1426	
	TiO$_2$	89.198	89.946	10.5539	
	MnO	0.070	0.071	0.0093	
	K$_2$O	0.013	0.013	0.0025	
	Sc$_2$O$_3$	0.107	0.108	0.0147	
	Total	99.168	100.000	12.1010	
0029	Al$_2$O$_3$	1.701	1.752	0.3422	蚀变锐钛矿
	MgO	0.000	0.000	0.0000	
	SiO$_2$	0.762	0.785	0.1300	
	CaO	0.029	0.030	0.0053	
	FeO	9.201	9.477	1.3135	
	TiO$_2$	85.248	87.804	10.9434	
	MnO	0.027	0.028	0.0039	
	K$_2$O	0.088	0.091	0.0191	
	Sc$_2$O$_3$	0.033	0.034	0.0050	
	Total	97.089	100.000	12.7624	

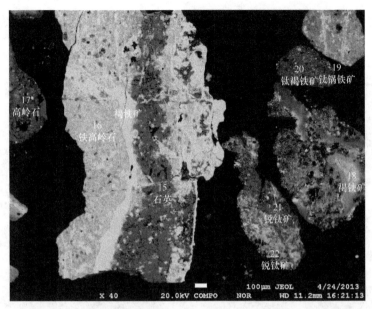

图 4.3 锐钛矿的彩色背散射电子图像

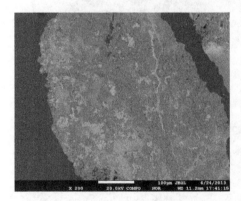 

图 4.4 锐钛矿背散射电子图像

在偏光显微镜下观察，锐钛矿主要分布在蚀变严重的玄武岩中，他形粒状，或枝状、泥状，与石英、长石和高岭石等紧密连生，部分包裹在脉石矿物中，或分布在石英、长石的裂隙中，也与铁质连生，可能为岩石蚀变过程中暗色矿物分解而来，因此颗粒细小，如图 4.5（a）～（e）所示。在人工重砂中，体视显微镜下可见的颗粒状锐钛矿极少，含量约为 0.15%（人工重砂分析使用的样品为大于 0.05mm 的矿样），在体视显微镜下观察，锐钛矿呈黄绿色、黄褐色，金刚光泽，端口油脂光泽，四方双锥状、他形粒状，见图 4.5（f）。而在偏光显微镜观察，能观察到的锐钛矿颗粒粒度小于 47.2μm 者占 96.35%，粒度小于 23.6μm 者占 75.37%，可见锐钛矿的嵌布粒度较小，详见锐钛矿的粒度统计表（见表 4.2）和锐钛矿工艺粒度分布图（见图 4.6）。

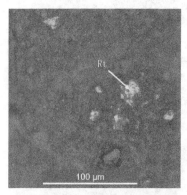

（a）锐钛矿（Rt）与脉石连生，反射单偏光

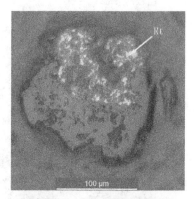

（b）锐钛矿（Rt）与脉石连生，反射单偏光

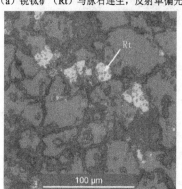

（c）锐钛矿（Rt）分布在脉石裂隙之间，反射单偏光

（d）锐钛矿（Rt）与高岭石（Kln）连生，反射单偏光

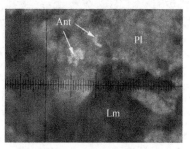

（e）斜长石（Pl）中包裹的锐钛矿（Ant），
反射单偏光，标尺每小格 0.0006mm

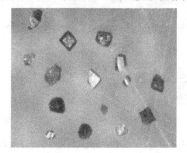

（f）人工重砂中的锐钛矿，体视显微镜照片

图 4.5　显微照片

表 4.2　锐钛矿粒度统计结果

粒级序	刻度数/格	粒级范围/μm	比粒径		颗粒数 n	面积含量比 nd^2	含量分布 nd^2/%	累计含量 $\sum nd^2$/%
			D	d^2				
I	−2+0	−11.8+0	1	1	674	674	38.43	38.43
II	−4+2	−23.6+11.8	2	4	162	648	36.94	75.37
III	−8+4	−47.2+23.6	4	16	23	368	20.98	96.35
IV	−16+8	−94.4+47.2	8	64	1	64	3.65	100.00
V	−32+16	−188.8+94.4	16	256	0	0	0	100.00
合计						1754		100.00

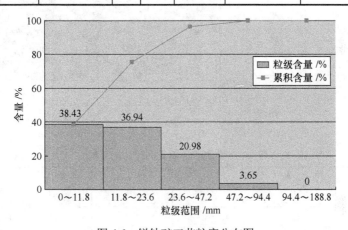

图 4.6　锐钛矿工艺粒度分布图

1）褐铁矿

化学式是 FeOOH，含量约为 26%；经电子探针分析，褐铁矿平均含 Fe 量为 51.06%，含 O 量为 40.99%，含 Ti 量为 6.13%，含少量 Si、Al、Ca，详见褐铁矿电子探针成分分析图谱（见图 4.6 和图 4.7）。褐铁矿含 Sc_2O_3 不均匀，部分区域不含，部分含量约为 0.04%，褐铁矿不是 Sc 元素的载体矿物，平均含 FeO 量为 70%～80%，含 Fe 量不均匀，是水分含量不定和其他矿物混杂的缘故，含 TiO_2 量为 3.6%～19%，可能为钛铁矿蚀变而来；另外钛铁矿中含有少量其他组分，详见表 4.3 的 Norm% 数据栏。电子图像如图 4.7 和图 4.8 所示。

谱图处理:
没有被忽略的峰

处理选项: 所有经过分析的元素（已归一化）
重复次数: =5

标准样品:
O … SiO₂ … 1-Jun-1999·12：00AM
Al … Al₂O₃ … 1-Jun-1999·12：00AM
Si … SiO₂ … 1-Jun-1999·12：00AM
Ca … Wollastonite … 1-Jun-1999·12：00AM
Ti … Ti … 1-Jun-1999·12：00AM
Fe … Fe … 1-Jun-1999·12：00AM

元素	质量百分比/%	原子百分比/%
O·K	42.75	71.10
Al·K	0.41	0.40
Si·K	1.44	1.36
Ca·K	1.27	0.84
Ti·K	6.40	3.55
Fe·K	47.73	22.75
总量	100.00	100.00

图 4.7　褐铁矿的电子探针成分分析及图谱

表 4.3　褐铁矿的电子探针分析结果

样品号	化学式	质量百分比/%	归一化 百分比/%	相对原子质量 百分比/%	矿物
0018	Al₂O₃	10.683	13.357	3.3542	褐铁矿
	MgO	0.123	0.154	0.0490	
	SiO₂	9.666	12.085	2.5748	
	CaO	0.000	0.000	0.0000	
	FeO	56.603	70.769	12.6099	
	TiO₂	2.863	3.580	0.5736	
	MnO	0.000	0.000	0.0000	
	K₂O	0.015	0.019	0.0052	
	Sc₂O₃	0.030	0.038	0.0069	
	Total	79.983	100.000	19.1736	
0019	Al₂O₃	0.725	0.811	0.2377	
	MgO	0.000	0.000	0.0000	
	SiO₂	1.096	1.226	0.3047	

（续表）

样品号	化学式	质量百分比/%	归一化 百分比/%	相对原子质量 百分比/%	矿　物
0019	CaO	0.044	0.049	0.0132	
	FeO	73.097	81.737	17.0018	
	TiO$_2$	14.298	15.988	2.9906	
	MnO	0.135	0.151	0.0317	
	K$_2$O	0.035	0.039	0.0123	
	Sc$_2$O$_3$	0.000	0.000	0.0000	
	Total	89.430	100.000	20.5920	
0020	Al$_2$O$_3$	1.833	2.027	0.5702	褐铁矿
	MgO	0.000	0.000	0.0000	
	SiO$_2$	1.829	2.023	0.4826	
	CaO	0.198	0.219	0.0561	
	FeO	69.172	76.495	15.2688	
	TiO$_2$	17.142	18.957	3.4027	
	MnO	0.119	0.132	0.0266	
	K$_2$O	0.134	0.148	0.0450	
	Sc$_2$O$_3$	0.000	0.000	0.0000	
	Total	90.427	100.000	19.8520	

谱图处理：

没有被忽略的峰

处理选项：所有经过分析的元素（已归一化）

重复次数：=4

标准样品：

O … SiO$_2$ … 1-Jun-1999·12：00AM

Si … SiO$_2$ … 1-Jun-1999·12：00AM

Ti … Ti … 1-Jun-1999·12：00AM

Fe … Fe … 1-Jun-1999·12：00AM

元素	质量百分比/%	原子百分比/%
O·K	39.22	68.73
Si·K	0.54	0.54
Ti·K	5.85	3.42
Fe·K	54.39	27.31
总量	100.00	100.00

图 4.8　褐铁矿电子探针成分及图谱

偏光显微镜下观察，褐铁矿多数褐铁矿呈泥状浸染分布于黏土矿物中，粒度小于 0.004mm，少数呈他形粒状、泥状、胶状，他形粒状褐铁矿沿脉石或泥质的裂隙间分布，胶状褐铁矿通常呈胶结物状分布于其他矿物之间，与黏土矿物混杂分布，呈粒状颗粒产出者较少，粒度在 0.05～0.3mm。

2）石英

化学式是 SiO_2，矿石中含量约 9%。是主要的脉石矿物，他形粒状，主要呈碎屑状分布于高岭石之间，少数呈微晶状、球粒状或隐晶质状，与黏土矿物和铁质混染分布，大多粒度小于 0.02mm，少数粒度在 0.05～0.1mm。

经电子探针分析可知，石英中含 Sc_2O_3 为 0.009%，由于低于电子探针的检出限，此值仅供参考，但石英不是 Sc 的主要载体矿物。详见表 4.4 的 Norm%数据栏。

表 4.4　石英的电子探针成分分析结果

样品号	化学式	质量百分比/%	归一化 百分比/%	相对原子质量 百分比/%	矿　物
0015	Al_2O_3	0.459	0.455	0.0645	石英
	MgO	0.015	0.015	0.0027	
	SiO_2	100.102	99.318	11.9392	
	CaO	0.023	0.023	0.0029	
	FeO	0.172	0.171	0.0172	
	TiO_2	0.000	0.000	0.0000	
	MnO	0.000	0.000	0.0000	
	K_2O	0.009	0.009	0.0013	
	Sc_2O_3	0.009	0.009	0.0009	
	Total	100.789	100.000	12.0287	

3）磁铁矿

化学式是 Fe_3O_4，矿石中含量约为 0.1%，黑色，半金属光泽至土状光泽，他形粒状，强磁性，见于人工重砂中。

4）钛铁矿

化学式是 $FeTiO_3$，矿石中含量极少，一般与高岭石连生，量为粒度在 0.01～0.05mm。经电子探针分析，钛铁矿含 Ti 量为 34.50%，含 Fe 量为 15.14%，含 O 量为 46.54%，含 V 量为 0.70%，含少量 Al、Si、As，见钛铁矿电子探针成分分析图谱（见图 4.9 和图 4.10）。在体视显微镜下观察，钛铁矿呈黑色，半金属光泽，板状，他形粒状，偶见于人工重砂中。粒度在 0.01～0.05mm。钛铁矿不含钪，不是钪的载体矿物。钛铁矿含 TiO_2 57%左右，其他元素的含量见表 4.5 的 Norm%数据栏，电子图像见图 4.9～图 4.11。

谱图处理：
可能被忽略的峰：3.345·keV
处理选项：所有经过分析的元素
（已归一化）
重复次数：=5
标准样品：
O ··· SiO$_2$ ··· 1-Jun-1999·12：00AM
Al ··· Al$_2$O$_3$ ··· 1-Jun-1999·12：00AM
Si ··· SiO$_2$ ··· 1-Jun-1999·12：00AM
Ti ··· Ti ··· 1-Jun-1999·12：00AM
V ··· V ··· 1-Jun-1999·12：00AM
Fe ··· Fe ··· 1-Jun-1999·12：00AM
As ··· InAs ··· 1-Jun-1999·12：00AM

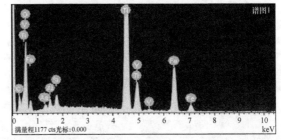

元素	质量百分比/%	原子百分比/%
O·K	46.54	72.67
Al·K	0.85	0.79
Si·K	1.22	1.09
Ti·K	34.50	17.99
V·K	0.70	0.34
Fe·K	15.14	6.77
As·L	1.05	0.35
总量	100.00	100.00

图 4.9　钛铁矿电子探针成分分析及图谱

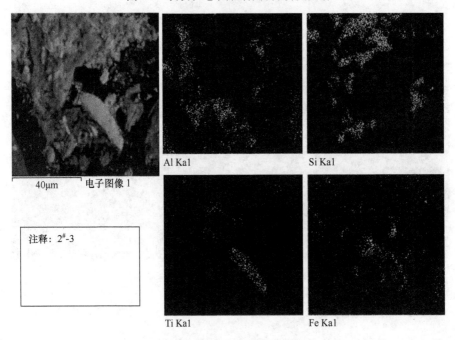

图 4.10　钛铁矿电子成分图像

表 4.5　钛铁矿的电子探针分析结果

样品号	化学式	质量百分比/%	归一化 百分比/%	相对原子质量 百分比/%	矿　物
0026	Al$_2$O$_3$	8.340	9.021	1.8847	蚀变钛铁矿
	MgO	0.052	0.056	0.0149	
	SiO$_2$	4.031	4.360	0.7729	
	CaO	0.041	0.044	0.0084	
	FeO	26.478	28.641	4.2455	
	TiO$_2$	53.067	57.401	7.6515	
	MnO	0.038	0.041	0.0062	
	K$_2$O	0.402	0.435	0.0983	
	Sc$_2$O$_3$	0.000	0.000	0.0000	
	Total	92.449	100.000	14.6824	
0027	Al$_2$O$_3$	8.818	9.591	2.0250	
	MgO	0.011	0.012	0.0031	
	SiO$_2$	2.786	3.030	0.5428	
	CaO	0.000	0.000	0.0000	
	FeO	27.964	30.414	4.5565	
	TiO$_2$	52.186	56.758	7.6466	
	MnO	0.044	0.048	0.0073	
	K$_2$O	0.136	0.148	0.0338	
	Sc$_2$O$_3$	0.000	0.000	0.0000	
	Total	91.945	100.000	14.8151	

图 4.11　钛铁矿的背散射电子图像

4.1.2　硫化物

毒砂：化学式是 FeAsS，锡白色，半金属光泽，他形粒状，偶见于人工重砂中。粒度在 0.05～0.15mm，见图 4.12（a）。

黄铁矿：化学式 FeS_2，浅黄铜色，半金属光泽，他形粒状，星点状分布于泥质中，偶见于人工重砂中，粒度在 0.05～0.15mm，见图 4.12。

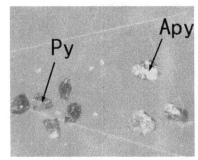
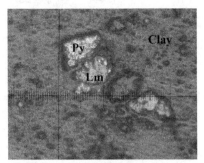

（a）毒砂（Apy）和黄铁矿（Py）的体视显微镜照片　（b）泥质中的黄铁矿（Py），部分蚀变为褐铁矿（Lm），
反射单偏光，标尺每小格 0.006mm

图 4.12　显微照片

4.1.3　硅酸盐

（1）高岭石。化学式是 $Al_4[Si_4O_{10}](OH)_8$，矿石中含量约为 48%，是矿石中主要的脉石矿物，呈显微鳞片状、泥状、隐晶质状、普遍分布于矿石中，大多被铁质浸染呈褐色，粒度一般小于 0.004mm。

经电子探针分析，高岭石中含 Sc_2O_3 量为 0.01%，说明钪在高岭石中也广泛存在，但含量不高；高岭石中还含有其他组分，详见表 4.6 的 Norm% 数据栏。

表 4.6　高岭石的电子探针分析结果

样品号	化学式	质量百分比/%	归一化百分比/%	相对原子质量百分比/%	矿　物
0028	Al_2O_3	33.150	34.928	5.5516	高岭石
	MgO	0.977	1.029	0.2069	
	SiO_2	50.510	53.219	7.1766	
	CaO	0.229	0.241	0.0349	
	FeO	4.747	5.002	0.5640	
	TiO_2	0.261	0.275	0.0278	
	MnO	0.000	0.000	0.0000	
	K2O	5.021	5.290	0.9101	
	Sc_2O_3	0.015	0.016	0.0019	
	Total	94.910	100.000	14.4738	

（续表）

样品号	化学式	质量百分比/%	归一化百分比/%	相对原子质量百分比/%	矿物
0016	Al_2O_3	23.895	25.749	5.1959	含铁高岭石
	MgO	0.435	0.469	0.1196	
	SiO_2	25.939	27.952	4.7852	
	CaO	0.013	0.014	0.0027	
	FeO	39.499	42.564	6.0941	
	TiO_2	0.395	0.426	0.0548	
	MnO	0.009	0.010	0.0013	
	K_2O	2.604	2.806	0.6128	
	Sc_2O_3	0.009	0.010	0.0015	
	Total	92.798	100.000	16.8679	
0017	Al_2O_3	36.538	37.405	5.8326	高岭石
	MgO	1.004	1.028	0.2027	
	SiO_2	52.414	53.658	7.0985	
	CaO	0.223	0.228	0.0323	
	FeO	4.879	4.995	0.5526	
	TiO_2	0.328	0.336	0.0334	
	MnO	0.030	0.031	0.0034	
	K_2O	2.257	2.311	0.3900	
	Sc_2O_3	0.008	0.008	0.0009	
	Total	97.681	100.000	14.1464	

（2）绢云母。化学式是 $K\{Al_2[AlSi_3O_{10}](OH)_2\}$，矿石中含量约为9%，呈显微鳞片状、少量白云母片状，沿黏土矿物隐晶质集合体边缘分布，为泥质重结晶形成，有时与隐晶质黏土矿物混杂分布，粒度一般小于0.03mm。

（3）绿泥石。化学式是 $(Mg,Fe,Al)_3(OH)_6\{(Mg,Fe^{2+},Al)_3[(Si,Al)]_4O_{10}(OH)_2\}$，矿石中含量约为3%，显微鳞片状，分布于蚀变玄武岩气孔中，粒度小于0.03 mm。

（4）斜长石。化学式是 $Na[AlSi_3O_8]$，矿石中含量小于1%，呈板条状，他形粒状，主要分布于蚀变玄武岩中，多数在基质中，普遍蚀变为黏土矿物，少数残余状，粒度一般为0.01～0.2mm。

（5）锆石。化学式是 $ZrSiO_4$，偶见于人工重砂中。无色、淡紫色，部分见黑色矿物包体，金刚光泽，四方锥柱状、圆粒状，粒度为0.05～0.1mm，如图4.13（a）所示体视显微照片。

（6）电气石、绿帘石。偶见于人工重砂中，粒度在 0.05~0.15mm，如图 4.13（b）所示为体视显微照片。

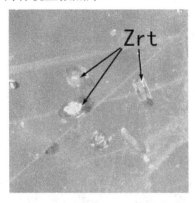
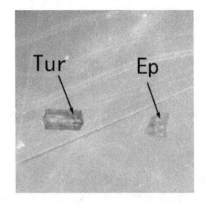

（a）锆石（Zrt）的体视显微镜照片　　　　　（b）电气石（Tur）和绿帘石（Ep）的体视显微镜照片

图 4.13　显微照片

4.2　Ti 元素的赋存状态

经样品化学分析，Ti 主要以 TiO_2 的形式存在。矿石中 TiO_2 的平均含量为 4.0% 左右。经镜下观察、电子探针分析、单矿物化学分析发现，矿石中的 Ti（TiO_2）主要以微细粒包裹体的形式存在于硅酸盐及石英中，其次以类质同象的形式存在于褐铁矿中，少数以独立矿物形式存在于粒度大于 0.04mm 的锐钛矿中，详见 TiO_2 在各主要矿物中的分配率表（见表 4.7）。

表 4.7　TiO_2 在各主要矿物中的分配率

矿　　物	矿物含量/%	矿物中 TiO_2 的含量/%	矿物中 TiO_2 的分配量/%	TiO_2 在各主要矿物中的分配率/%
包裹在硅酸盐、石英中小于 0.04mm 的锐钛矿	72.8	4.37	3.18	77.38
褐铁矿	26	3.00	0.78	18.97
可解离大于 0.04mm 的锐钛矿*	0.15	0.15	0.15	3.65
合计	99.0	—	4.11	100.00

注：*表示人工重砂分析时所确定的锐钛矿含量。

从表 4.7 的结果可以看出，TiO_2（Ti）主要以微细粒包裹体的形式存在于硅酸盐和石英中，占 77.38%，这部分 TiO_2 为脉石矿物中泥状及颗粒细小的锐钛矿包裹体，即使将矿样磨矿至小于 0.04mm 的细度来分离单矿物，脉石矿物中仍有锐钛矿的存在；其次 Ti 元素以类质同象的形式赋存在褐铁矿中，占 18.97%；而以独立矿物的形式赋存在粒度大于 0.04mm 的锐钛矿中的 TiO_2 仅占 3.65%。

4.3 Sc 元素的赋存状态

经化学分析，矿石中 Sc 的平均含量为 74.93×10^{-6}，选取其中典型的矿石样品经镜下观察、电子探针分析、单矿物化学分析发现，矿石中部分 Sc 以类质同象的形式赋存在锐钛矿中（130×10^{-6}），其余大部分赋存在其他矿物中，赋存较为分散，详见钪在各主要矿物中的分配率表（见表 4.8）。从图 4.14 来看，Sc 元素主要赋存在高岭石、绢云母等黏土矿物中，含量约为 46.07%；其次赋存在褐铁矿中，含量约为 33.25%；赋存在锐钛矿中，含量约为 13.64%。

表 4.8 Sc 在各主要矿物中的分配率

矿　物	矿物含量/%	矿物中 Sc 的含量	矿物中 Sc 的分配量	Sc 在各主要矿物中的分配率/%
高岭石、绢云母等黏土矿物	61	33.1×10^{-6}	20.191×10^{-6}	46.07
石英	9	33.9×10^{-6}	3.051×10^{-6}	6.96
锐钛矿	4.6*	130×10^{-6}	5.98×10^{-6}	13.64
褐铁矿	25	58.3×10^{-6}	14.575×10^{-6}	33.25
磁铁矿	0.1	35×10^{-6}	0.035×10^{-6}	0.08
合计	99.1	—	43.832×10^{-6}	100.00

注：*表示根据化学分析计算的锐钛矿含量。

从表 4.8 的结果可以看出，46.07% 的 Sc 主要赋存于高岭石、绢云母等黏土矿物中；33.25% 的 Sc 赋存于褐铁矿中；13.64% 的 Sc 赋存于锐钛矿中；6.96% 的 Sc 赋存于石英中。高岭石、绢云母是黏土矿物，褐铁矿是黄铁矿、磁铁矿的氧化矿物。

通过上述分析讨论，结合当前国内外对 Sc 的赋存状态 3 种研究结果，可以得出在表生风化作用下，晴隆沙子钪矿床中 Sc 的赋存状态是：

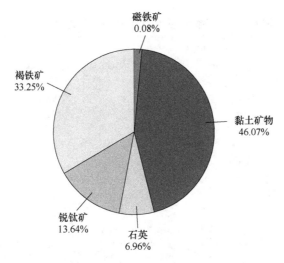

图 4.14　晴隆沙子钪矿床中 Sc 在不同含 Sc 矿物中的分配率

（1）Sc 不呈独立矿物形式存在。

（2）从矿物的分配率上来看，Sc 主要是呈离子状态被高岭石、绢云母等黏土矿物及褐铁矿等氧化矿物吸附在矿物表面或矿物颗粒间形式存在。

（3）从矿物的含量上来看，Sc 主要是以类质同象形式置换掉相对应的 Ti^{4+} 分散于锐钛矿中存在。

近年来，陆续在一些风化红土中，发现了 Sc 的富集，在这些矿床中，Sc 往往作为伴生元素，但亦有 Sc 的独立矿床（Aiglsperger，et al，2016；Chasse，et al，2017；Maulana，et al，2016）。Aiglsperger 等人（2016）发现红土中 Sc 和 Fe 具有明显的正相关[见图 4.15（a）]，因此他们推测 Sc 主要以吸附形式赋存在铁的氧化物表面；而晴隆沙子矿中，从玄武岩到红土中，Sc 亦有随着 Fe 含量增加而增加的趋势[见图 4.15（b）]。Chassé 等人（2017）利用 Fe 和 Sc 的 X 射线吸收近边结构图像（X-ray Absorption Near-Edge Structure，XANES），发现 Sc 主要以吸附形式赋存在铁的氧化物，特别是针铁矿表面（见图 4.16）。Chassé 等人（2017）指出，由于 Sc 与 Fe 和 Mg 晶体化学性质较相近，常呈类质同象进入辉石矿物中，当辉石被水解形成黏土矿物和铁的氧化物时，Sc 往往被吸附到铁的氧化物表面。Chassé 等人（2017）进一步提出红土中 Sc 的高度富集受如下 3 个因素的制约：①母岩中高的 Sc 含量；②长时间的风化作用；③Sc 被铁氧化物所吸附，不易迁移。

在晴隆沙子矿中，尽管 Sc 在高岭石等黏土矿物中的分配率达到 46.07%，但 Sc 在高岭石中含量仅为 33.1×10^{-6}；相反，作为红土中主要的铁氧化物，褐铁矿的矿物含量可以达到 25%，且 Sc 在褐铁矿的含量可以达到 58.3×10^{-6}，如前所述，Sc 很有可能是以吸附形式赋存在褐铁矿的表面，因此，进一步证明在晴隆沙子矿中，Sc 赋存状态是以离子形式吸附存在于黏土矿物及褐铁矿中，以类质同象形式赋存于锐钛矿中。

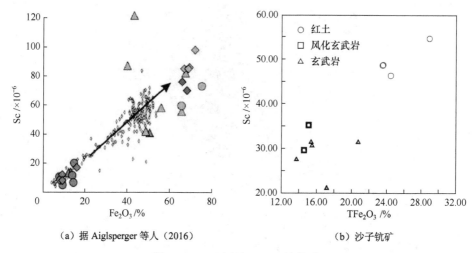

（a）据 Aiglsperger 等人（2016）　　　　　　　（b）沙子钪矿

图 4.15　Sc 元素与 Fe$_2$O$_3$ 的关系

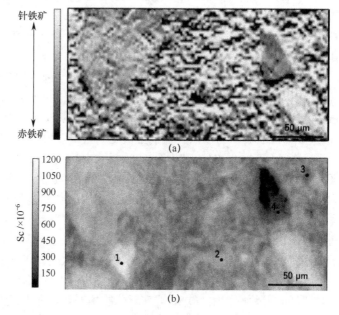

图 4.16　Fe 和 Sc 的 X 射线吸收近边结构图（Chassé，et al，2017）

第 5 章
矿床的地球化学特征

● 5.1 分析方法

5.1.1 主量元素分析

取新鲜样品，碎样、研磨至 200 目以下备用。主量元素测试在中国科学院地球化学研究所矿床地球化学重点实验室完成，测试方法为 X 射线荧光光谱法。测试流程包括烧失量的计算和玻璃熔融制样两大步骤：

（1）烧失量计算。先称取坩埚重量 W_1，加入大约 1g 样品，称总重 W_2，将装有样品的坩埚在烘箱内 150℃干燥 3h 后，放入 900℃的马弗炉中恒温 3h，降温后，放入干燥器静置 20min，随之称重得 W_3。烧失量（LOI）的计算公式如下：LOI= (W_2-W_3)／(W_2-W_1)。

（2）玻璃熔融制样。用万分之一的天平准确称取 0.7000g 样品和 7.000g 复合熔剂（$Li_2B_4O_7$、$LiBO_2$、LiF），放入铂金坩埚并搅拌均匀，在 1150℃电热熔融设备上熔融，冷却后制成直径为 35mm 的玻璃片，然后将制备好的玻璃片放入 Axios（PW4400）型 X 射线荧光光谱仪中进行测试，测试精度优于 3%。

5.1.2 微量元素分析

称取 50mg 200 目以下的样品，置于密封容器中，加入 1mL HF，电热板蒸干去 SiO_2，再加入 1mL HF 和 0.5mL HNO_3，加盖，放置烘箱进行分解 12h，然后电热板蒸干，加入 1mL HNO_3 再蒸干，重复操作。最后加入 2mL HNO_3 和 5mL 去离子水，盖上盖子，130℃下溶解残渣 3h，然后冷却加入 500ng Rh 内标溶液，转移至 50mL 离心管中。分析测试是在中国科学院矿床地球化学国家重点实验室 FinniganMaT 公司生产的 ELEMENT 型高分辨等离子质谱仪中进行的。

5.2 常量元素的地球化学特征

作者在野外对矿区内的茅口组灰岩、新鲜枕状玄武岩、半风化玄武岩、红土分析进行了取样，并对主微量元素进行分析，见表 5.1。其中枕状玄武岩各物质质量分数为 47.51%～57.37% SiO_2、0.63%～3.26% TiO_2、13.74%～20.75% TFe_2O_3、12.21%～14.98% Al_2O_3 和 3.40%～6.62% Na_2O+K_2O。与新鲜的玄武岩相比，蚀变玄武岩具有更高 TiO_2（3.00%～3.51%）和 Al_2O_3（18.53%～26.11%），更低的 SiO_2（38.50%～47.89%）和 Na_2O+K_2O（1.87+2.87）。矿化红土具有最高的 TiO_2（4.80%～5.37%）和 TFe_2O_3（23.53%～28.95%），以及最低的 SiO_2（31.04%～33.69%）和全碱（$CaO+Na_2O+K_2O<1\%$）。

表 5.1　晴隆沙子铊矿区不同岩性样品的主量和微量元素组成

岩石类型	红土				半风化玄武岩		枕状玄武岩					茅口组灰岩		
样品号	2-011	2-012	3-003	3-004	2-002	2-004	T-002	T-003	T-004	T-005	T-007	2-008	3-001	3-002
SiO_2	31.72	31.88	33.69	31.04	38.50	47.89	47.69	47.51	49.70	57.37	48.52	2.09	0.35	0.28
TiO_2	4.80	4.78	5.37	5.08	3.51	3.00	3.26	3.24	3.60	2.63	2.91	0.07	0.04	0.02
Al_2O_3	21.91	21.88	18.41	23.69	26.11	18.53	14.98	14.66	14.62	12.21	14.82	0.43	0.16	0.06
TFe_2O_3	23.53	23.59	28.95	24.46	15.12	14.60	15.51	15.41	20.75	17.18	13.74	0.25	0.20	0.07
MgO	0.23	0.24	0.42	1.20	0.50	0.37	4.99	5.00	2.10	0.78	3.13	0.17	0.56	0.49
CaO	0.29	0.13	0.37	0.12	1.16	1.57	6.12	6.12	0.47	1.68	4.08	54.50	55.50	55.70
MnO	0.21	0.21	0.29	0.30	0.12	0.12	0.24	0.22	0.14	0.05	0.19	0.07	0.01	0.01
Na_2O	0.04	0.04	0.02	0.03	0.06	0.08	2.99	2.83	4.81	6.60	6.42	0.01	0.01	0.01
K_2O	0.31	0.31	0.03	0.20	1.81	2.79	0.66	0.57	0.01	0.02	0.01	0.08	0.01	0.01
P_2O_5	0.32	0.32	0.48	0.34	0.22	0.35	0.35	0.35	0.12	0.36	0.33	0.01	0.01	0.01
LOI	15.72	15.32	11.04	13.07	12.14	8.30	2.95	2.90	3.53	1.41	4.87	42.74	43.18	43.53
total	99.08	98.70	99.07	99.53	99.25	97.60	99.74	98.81	99.85	100.29	99.02	100.42	100.03	100.19
CIA	95.93	97.17	96.15	98.00	86.24	75.52	47.19	47.20	62.48	46.70	45.17	0.43	0.16	0.06
Sc	48.6	48.7	54.6	46.3	35.2	29.6	30.6	31.4	31.4	21.1	27.5	5.1	0.9	0.6
La	46.5	48.4	23.4	59.8	51.3	81.9	27.6	29.2	24.2	22.6	31.3	2.7	1.3	0.9
Ce	121.5	124.0	87.0	93.0	90.2	138.0	61.4	66.1	56.6	52.0	68.3	4.8	2.1	1.3
Pr	13.0	13.3	4.9	14.7	10.9	18.2	7.4	7.8	5.8	6.4	7.5	0.5	0.2	0.1
Nd	53.7	56.5	18.3	58.2	45.5	69.7	29.6	32.3	23.1	26.4	30.7	2.1	0.7	0.5
Sm	12.2	13.2	4.8	12.7	10.8	14.6	7.3	7.6	5.2	6.7	7.2	0.7	0.2	0.1

（续表）

岩石类型	红土				半风化玄武岩		枕状玄武岩					茅口组灰岩		
样品号	2-011	2-012	3-003	3-004	2-002	2-004	T-002	T-003	T-004	T-005	T-007	2-008	3-001	3-002
Eu	3.9	4.1	1.8	4.0	3.5	3.8	2.6	2.7	2.1	2.4	2.4	0.3	0.1	0.0
Gd	11.6	12.4	5.1	13.2	14.8	11.6	7.9	8.2	5.6	7.2	7.1	1.6	0.2	0.1
Tb	1.8	1.8	0.9	2.0	2.6	1.8	1.3	1.3	0.9	1.1	1.1	0.3	0.0	0.0
Dy	10.7	10.9	6.9	12.3	16.8	10.7	8.0	7.8	5.9	6.8	7.2	1.8	0.2	0.1
Ho	2.1	2.3	1.7	2.5	3.7	2.2	1.7	1.6	1.4	1.3	1.5	0.4	0.0	0.0
Er	5.7	6.1	5.4	6.9	9.9	6.2	4.6	4.3	3.5	3.6	4.1	0.7	0.1	0.1
Tm	0.8	0.8	0.9	0.9	1.3	0.9	0.6	0.5	0.5	0.5	0.5	0.1	0.0	0.0
Yb	4.7	5.1	5.6	5.3	7.7	5.2	3.6	3.4	3.0	2.8	3.3	0.5	0.1	0.1
Lu	0.7	0.7	0.9	0.8	1.1	0.8	0.5	0.5	0.4	0.4	0.5	0.1	0.0	0.0
ΣREE	288.5	299.6	167.5	286.2	269.9	365.5	164.0	173.3	138.1	140.0	172.7	16.6	5.3	3.5
LREE	250.7	259.5	140.1	242.4	212.1	326.2	135.9	145.8	117.0	116.4	147.4	11.2	4.5	3.0
HREE	37.8	40.1	27.4	43.8	57.8	39.3	28.2	27.6	21.1	23.6	25.3	5.4	0.8	0.5
δCe	1.19	1.18	1.90	0.75	0.89	0.84	1.03	1.05	1.13	1.05	1.06	0.93	0.92	0.80
δEu	0.98	0.96	1.08	0.94	0.84	0.86	1.05	1.05	1.17	1.03	1.03	0.92	0.82	0.80
(La/Sm) N	2.47	2.37	3.17	3.05	3.07	3.62	2.44	2.47	3.00	2.18	2.83	2.42	4.66	6.00

在温度、水、大气及生物等的共同作用下，地表物质的机械组成和化学成分发生改变，这一过程被称为化学风化作用。在化学风化过程中，上地壳中长石矿物的 Na、K、Ca 等碱金属元素以离子态被大量淋失，同时难溶组分 Al_2O_3 则残留下来，含量逐渐增加，据此 Nesbitt 和 Young（1982）提出化学蚀变指数的概念（Chemical Index of Alteration，CIA），作为风化程度的指标，其计算公式为：$CIA=Al_2O_3/(Al_2O_3+CaO^*+Na_2O+K_2O)\times100\%$ 各氧化物的值均为摩尔数，CaO^* 定义为样品硅酸盐碎屑中钙含量，即全岩 CaO 扣除化学沉积 CaO 的摩尔分数。考虑到在样品元素分析的过程中很难将样品中碳酸钙与硅酸盐碎屑中钙进行分离，Mclennan（1993）提出了 CaO^* 的校正公式 $CaO^*=min[x(CaO)-x(P_2O_5)\times10/3, x(Na_2O)]$。已有的研究表明，现代典型气候沉积环境下，沉积物 CIA 值的大体范围如下：CIA 值介于 50～65，反映为较低的化学风化程度，一般对应干旱气候；CIA 值介于 65～85，反映中等化学风化程度，对应温暖湿润气候；CIA 指介于 85～100，反映为强化学风化程度，对应炎热潮湿的气候。随后，CIA 被广泛用于指示陆壳物质的化学风化程度（见表 5.2）。晴隆地区新鲜的枕状玄武岩 CIA 指分布在 45～62，暗示其基本没有受到风化作用，蚀变玄武岩的 CIA 值为 75～86，而矿化红土的 CIA 值变化介于 96～98，表明其遭受了强烈的风化。如图 5.1 所示，随着 CIA 值的增加，

沙子铊矿中的 SiO_2、CaO 及 MgO 等元素明显降低，而 TiO_2、Al_2O_3 及 Fe_2O_3 的含量明显增加。在风化过程中，玄武岩中的斜长石和辉石在地表环境下，极易发生水解，生成黏土矿物和铁的氧化物，在这个过程中，容易丢失 Na、K、Ca、Si 等易溶元素，同时整个风化过程导致难溶元素如 Fe、Al 及 Ti 在残留相中相对富集。

表 5.2　上地壳和不同种类岩石、矿物的 CIA 值（冯连君等，2003）

岩　石	CIA 值	矿　物	CIA 值
上地壳	平均 50	钠长石	50
更新世冰碛岩（基质）	50～55	钙长石	50
更新世冰川黏土	60～65	钾长石	50
黄土	55～70	白云母	75
页岩	平均 70～75	伊利石	75～85
亚马孙泥岩	80～90	蒙脱石	75～85
残留黏土	85～100	绿泥石	100
		高岭石	100

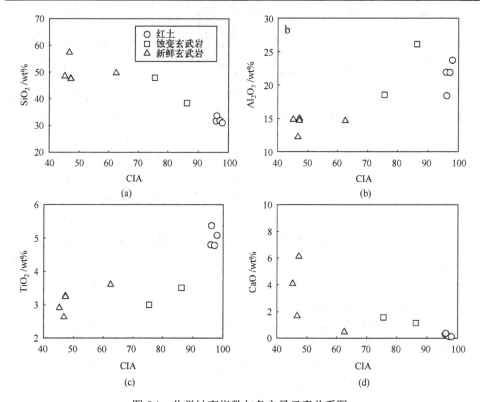

图 5.1　化学蚀变指数与各主量元素关系图

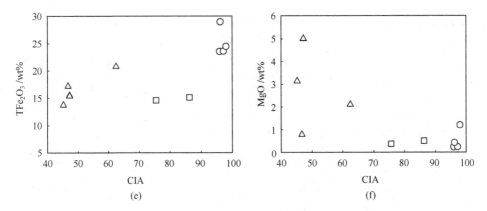

图 5.1　化学蚀变指数与各主量元素关系图（续）

同时，为了厘清沙子钪矿床的形成与峨眉山玄武岩厚度和整个二叠世晚期海陆交互相的关系，作者分别沿着峨眉山玄武岩厚度等值线升高的方向和二叠世晚期海陆交互相方向进行了取样，分别包括晴隆沙子矿床矿区及织金、毕节、水城、赫章和威宁地区的新鲜玄武岩样品、半风化玄武岩样品、红土（见彩插照片 34~39），24 个样品的主微量结果列于表 5.3 中。

晴隆沙子矿区的新鲜玄武岩 SiO_2 为 47.51%~49.70%，TiO_2 为 2.91%~3.60%，富碱 Na_2O+K_2O，富铝 Al_2O_3 为 14.62%~14.98%，TFe_2O_3（全铁）和 MgO 的变化范围较大，其含量分别为 13.74%~20.75% 和 2.10%~5.10%。织金的新鲜玄武岩（或玄武质安山岩）SiO_2 含量在 45.30%~54.39% 的范围内变化，TiO_2、Na_2O+K_2O、Al_2O_3 及 TFe_2O_3（全铁）和 MgO 的含量分别为 3.83%~4.18%、3.07%~3.23%、12.18%~13.28%、12.14%~15.49% 和 3.45%~5.00%。毕节地区新鲜玄武岩含有 47.72%~50.71% 的 SiO_2、4.38%~4.92% 的 TiO_2、5.09%~6.03% 的 Na_2O+K_2O、12.70%~14.02% 的 Al_2O_3、14.48%~16.38% 的 TFe_2O_3（全铁）和 2.02%~4.42% 的 MgO。水城、赫章和威宁地区的玄武岩成分较为相似，且变化不大，这个地区新鲜玄武岩中 SiO_2 的含量分布在 47.79%~51.59% 的范围内，TiO_2 的含量为 3.59%~4.22%，Na_2O+K_2O 的含量变化介于 4.02%~6.13% 的范围，Al_2O_3、TFe_2O_3 和 MgO 的含量分别为 12.80%~13.57%、12.61%~15.56% 和 2.95%~4.50%。

Xu 等人（2001）根据 Ti/Y 比值 500 及 TiO_2 含量 2.5% 为界将峨眉山玄武岩划分为高 Ti 和低 Ti 玄武岩，本次研究的 6 个地区的玄武岩中 TiO_2 的含量为 2.63%~4.92%，Ti/Y 比值为 541~979，显然属于高 Ti 玄武岩。在 TAS 图解上（见图 5.2），这 6 个地区的玄武岩绝大多数落在了碱性玄武岩区，以碱性玄武岩和粗面玄武岩为主。

表 5.3 贵州六地玄武岩主量元素组成（%）和微量元素组成（$\times 10^{-6}$）

采样地点	沙子														织金			毕节						
样品号	T-007	T-002	T-003	T-004	2-004	2-005	2-002	2-011	2-012	3-003	3-004	3-001	3-002	2-008	Z-003	Z-004	ZI-005	B-002	B-003	B-004	B-005	B-006	B-007	B-008
岩性	玄武岩	玄武岩	玄武岩	玄武岩	蚀变玄武岩	蚀变玄武岩	红土	红土	红土	红土	红土	灰岩	灰岩	灰岩	玄武岩	玄武岩	玄武岩	玄武岩	玄武岩	玄武岩	玄武岩	玄武岩	玄武岩	玄武岩
SiO_2	48.52	47.69	47.51	49.70	47.89	31.28	38.50	31.72	31.88	33.69	31.04	0.35	0.28	2.09	54.39	48.71	45.30	49.07	47.72	50.71	49.90	50.69	50.22	48.84
TiO_2	2.91	3.26	3.24	3.60	3.00	1.90	3.51	4.80	4.78	5.37	5.08	0.04	0.02	0.07	3.83	4.09	4.18	4.38	4.45	4.53	4.44	4.48	4.67	4.92
Al_2O_3	14.82	14.98	14.66	14.62	18.53	11.48	26.11	21.91	21.88	18.41	23.69	0.16	0.06	0.43	12.18	13.08	13.28	12.76	12.78	12.89	12.70	12.80	13.21	14.02
TFe_2O_3	13.74	15.51	15.41	20.75	14.60	10.90	15.12	23.53	23.59	28.95	24.46	0.20	0.07	0.25	12.14	15.49	14.68	15.04	15.24	14.48	16.20	15.42	15.78	16.38
CaO	4.08	6.12	6.12	0.47	1.57	20.3	1.16	0.29	0.13	0.37	0.12	55.5	55.7	54.5	6.76	7.27	9.07	5.99	6.84	5.27	4.67	5.15	3.41	3.11
MgO	3.13	4.99	5.00	2.10	0.37	0.18	0.50	0.23	0.24	0.42	1.20	0.56	0.49	0.17	3.45	5.00	4.51	4.18	4.42	3.34	2.62	3.16	2.02	2.23
MnO	0.19	0.24	0.22	0.14	0.12	0.06	0.12	0.21	0.21	0.29	0.30	0.01	0.01	0.07	0.17	0.18	0.21	0.17	0.19	0.23	0.18	0.22	0.20	0.23
K_2O	0.01	0.66	0.57	0.01	2.79	1.50	1.81	0.31	0.31	0.03	0.20	0.01	0.01	0.08	0.75	0.64	0.75	1.56	1.62	1.62	1.99	1.92	3.32	1.96
Na_2O	6.42	2.99	2.83	4.81	0.08	0.03	0.06	0.04	0.04	0.02	0.03	0.01	0.01	0.01	2.48	2.56	2.32	3.71	3.50	4.10	3.96	4.21	0.55	3.13
P_2O_5	0.33	0.35	0.35	0.12	0.35	0.21	0.22	0.32	0.32	0.48	0.34	0.01	0.01	0.01	0.46	0.49	0.49	0.53	0.54	0.54	0.52	0.53	0.55	0.44
LOI	4.87	2.95	2.90	3.53	8.30	20.47	12.14	15.72	15.32	13.18	43.53	11.04	13.07	42.74	2.21	2.05	4.81	2.12	2.01	2.26	2.29	2.01	3.45	4.03
total	99.02	99.74	98.81	99.85	97.60	98.31	99.25	99.08	98.70	131.21	129.99	67.86	69.69	100.42	98.82	99.56	99.60	99.51	99.30	99.97	99.47	100.49	98.75	99.29
CIA	53.80	62.74	63.20	64.20	84.95	86.95	92.37	97.91	98.19	99.47	98.92				58.95	59.88	61.13	53.83	53.45	53.38	53.35	52.48	58.73	61.24

微量和稀土元素

样品号	T-007	T-002	T-003	T-004	2-004	2-005	2-002	2-011	2-012	3-003	3-004	3-001	3-002	2-008	Z-003	Z-004	ZI-005	B-002	B-003	B-004	B-005	B-006	B-007	B-008
Co	48.8	49.1	46.1	48.8	41.1	47.6		73.7	79.1	1.4	1.1	90.7	81.3	1.7	36.4	46.4	48.8	39.8	44.2	44.6	37.5	43.5	42.7	47.8
Cr	41	40	45	48	69	207	183	77	79	6	8	79	78	17	19	18	17	24	27	25	26	25	29	32
Ni	55.4	59.4	56.4	64.6	58.0	156.0	120.5	85.8	85.0	2.2	0.6	117.5	83.4	6.1	43.9	49.1	51.0	48.9	54.6	55.3	48.3	51.4	53.2	54.2
V	349	326	357	418	367	629	646	505	508	9	7	475	535	31	349	368	371	380	417	372	385	388	401	420
Sc	27.5	30.6	31.4	31.4	29.6	35.2	48.7	48.6	48.7	46.3	54.6	0.9	0.6	5.1	21.7	21.4	23.6	22.6	24.0	23.9	24.2	24.5	25.7	25.1
La	31.3	27.6	29.2	24.2	42.2	51.3	81.9	48.4	46.5	54.6	23.4	0.9	1.3	2.7	47.1	51.2	54.7	56.1	56.8	57.2	64.5	60.1	66.4	65.4

（续表）

采样地点	沙子														织金			毕节						
样品号	T-007	T-002	T-003	T-004	2-004	2-005	2-002	2-011	2-012	3-003	3-004	3-001	3-002	2-008	Z-003	Z-004	ZJ-005	B-002	B-003	B-004	B-005	B-006	B-007	B-008
岩性	玄武岩	玄武岩	玄武岩	玄武岩	蚀变玄武岩	蚀变玄武岩	红土	红土	红土	红土	红土	灰岩	灰岩	灰岩	玄武岩	玄武岩	玄武岩	玄武岩	玄武岩	玄武岩	玄武岩	玄武岩	玄武岩	玄武岩
Ce	68.3	61.4	66.1	56.6	138.0	78.5	90.2	121.5	124.0	2.1	1.3	87.0	93.0	4.8	108.0	119.0	123.5	125.0	129.0	124.5	139.5	126.0	139.5	130.0
Pr	7.51	7.36	7.77	5.83	18.20	8.86	10.85	13.00	13.30	0.19	0.13	4.86	14.70	0.52	12.40	13.60	13.90	14.90	14.30	15.30	16.80	16.10	18.15	18.55
Nd	30.7	29.6	32.3	23.1	69.7	35.3	45.5	53.7	56.5	0.7	0.5	18.3	58.2	2.1	48.6	53.3	55.9	59.9	57.1	61.9	66.7	64.5	72.1	72.7
Sm	7.15	7.29	7.64	5.21	14.60	8.04	10.80	12.15	13.20	0.18	0.10	4.76	12.65	0.72	10.65	11.10	11.15	12.20	12.15	12.70	13.90	13.85	14.85	14.95
Eu	2.44	2.63	2.74	2.08	3.79	2.28	3.48	3.86	4.08	0.05	0.03	1.76	4.02	0.33	3.66	3.47	3.70	3.99	3.79	4.03	4.37	4.32	4.71	4.84
Gd	7.11	7.90	8.17	5.62	11.60	7.23	14.75	11.55	12.35	0.19	0.13	5.14	13.20	1.58	9.43	9.84	10.15	11.00	11.05	12.10	12.55	11.95	12.30	12.85
Tb	1.12	1.26	1.25	0.91	1.76	1.22	2.56	1.77	1.83	0.03	0.02	0.92	1.96	0.29	1.29	1.39	1.39	1.57	1.55	1.73	1.67	1.64	1.78	1.78
Dy	7.16	7.96	7.80	5.87	10.70	6.97	16.75	10.65	10.90	0.19	0.13	6.90	12.25	1.77	7.48	8.13	8.09	9.24	9.11	9.21	9.80	9.36	10.20	10.30
Ho	1.46	1.70	1.56	1.28	2.24	1.46	3.70	2.09	2.26	0.04	0.03	1.69	2.50	0.35	1.39	1.52	1.49	1.68	1.69	1.71	1.82	1.84	1.93	1.90
Er	4.13	4.61	4.29	3.45	6.15	4.05	9.90	5.65	6.09	0.13	0.08	5.44	6.89	0.74	3.53	3.91	3.92	4.49	4.36	4.35	4.66	4.65	4.68	4.77
Tm	0.54	0.62	0.58	0.48	0.86	0.56	1.31	0.78	0.84	0.02	0.01	0.85	0.91	0.09	0.46	0.50	0.48	0.57	0.55	0.56	0.57	0.59	0.59	0.64
Yb	3.29	3.60	3.44	3.02	5.22	3.32	7.69	4.65	5.11	0.13	0.07	5.60	5.33	0.51	2.67	2.91	2.83	3.32	3.14	3.26	3.27	3.46	3.47	3.66
Lu	0.48	0.51	0.47	0.43	0.77	0.47	1.14	0.67	0.74	0.02	0.01	0.90	0.77	0.07	0.36	0.39	0.40	0.46	0.44	0.45	0.45	0.47	0.50	0.51
Rb	0.2	14.2	11.3	0.8	77.6	41.5	59.7	14.2	13.9	0.4	0.2	1.2	4.7	2.9	23.3	17.4	15.8	34.0	47.7	31.4	43.1	37.4	43.5	46.0
Ba	170	220	220	50	240	120	150	170	170	<10	10	40	160	10	440	420	460	720	1480	870	1020	1010	1020	1100
Th	3.97	4.64	4.53	5.31	11.50	6.19	11.25	8.60	8.34	0.12	0.05	7.11	6.98	0.47	7.06	7.70	7.76	8.53	8.42	8.99	8.91	8.82	9.36	9.84
U	0.30	1.19	1.07	1.13	14.20	8.38	16.30	2.64	2.59	3.10	3.78	1.65	1.60	4.46	1.66	1.83	1.77	1.89	1.89	1.99	2.01	1.89	2.22	2.29
Nb	22.2	24.3	24.8	28.5	45.1	28.0	37.6	38.4	38.4	0.6	0.3	38.4	35.8	1.3	37.5	42.0	42.1	45.0	43.8	47.1	46.1	46.0	48.7	49.6
Ta	1.6	1.7	1.8	2.0	3.3	1.9	2.7	2.6	2.8	0.1	0.1	2.6	2.6	0.2	2.6	3.0	3.0	2.9	3.1	3.2	3.3	3.2	3.5	3.4
Sr	183.0	550	489	81.0	2070	1295	1185	353	355	1525	1335	345	330	1205	770	771	901	565	911	401	436	445	333	360
Zr	204	224	227	252	380	229	444	353	355	4	2	345	330	12	315	354	353	384	376	388	392	398	414	415
Hf	5.4	6.1	6.5	6.7	10.5	5.9	11.3	9.5	10.1	<0.2	<0.2	9.3	9.0	0.3	8.2	9.6	9.4	10.4	10.3	10.6	10.8	10.2	11.1	11.2
Y	37.3	43.2	39.4	29.4	66.0	47.9	125.5	52.6	52.8	1.8	1.7	45.3	71.7	10.6	35.5	38.6	38.7	43.1	41.3	43.0	46.3	46.4	45.7	45.2

采样地点	毕节			赫章								威宁								水城				
样品号	B-009	B-010	B-011	H-007	H-008	H-001	H-002	H-003	H-004	H-005	H-006	W-001	W-002	W-003	W-004	W-005	W-006	W-HT1	W-HT2	S-001	S-002	S-003	S-004	S-005
岩性	蚀变玄武岩	蚀变玄武岩	玄武岩	玄武岩	玄武岩	蚀变玄武岩	蚀变玄武岩	蚀变玄武岩	蚀变玄武岩	蚀变玄武岩	蚀变玄武岩	玄武岩	玄武岩	玄武岩	玄武岩	玄武岩	玄武岩	红土	红土	玄武岩	玄武岩	蚀变玄武岩	蚀变玄武岩	蚀变玄武岩
SiO_2	43.88	42.50	42.69	49.29	48.80	39.13	46.05	44.91	49.55	47.08	43.88	50.55	49.57	50.10	50.74	50.62	51.58	61.64	62.85	47.79	49.62	43.08	44.23	33.03
TiO_2	4.99	4.91	4.95	4.22	4.15	2.77	3.27	2.50	3.82	3.72	3.78	3.67	3.76	3.77	3.82	3.70	3.59	1.78	1.62	3.73	3.89	4.32	4.32	4.76
Al_2O_3	15.30	15.27	14.90	13.38	13.13	11.26	13.54	16.24	15.98	17.20	18.84	13.12	13.57	13.21	13.32	13.26	12.80	17.08	15.77	12.92	13.32	14.95	15.12	24.13
TFe_2O_3	18.38	20.34	19.64	14.06	12.66	15.31	22.68	17.36	18.29	19.99	19.99	13.27	13.56	13.50	13.77	12.64	12.61	10.76	10.38	15.18	15.56	19.71	18.85	23.36
CaO	3.76	3.54	3.95	7.57	14.40	6.06	0.96	0.68	0.86	0.77	0.77	7.10	7.12	5.68	5.02	5.75	5.49	0.22	0.20	9.80	8.15	5.38	5.00	0.07
MgO	2.18	2.32	2.17	4.53	2.76	3.32	2.08	2.41	1.44	2.08	1.91	4.50	4.30	3.72	2.95	3.48	3.52	0.40	0.37	3.46	4.42	4.06	3.79	0.41
MnO	0.08	0.07	0.07	0.17	0.32	0.15	0.07	0.85	0.50	0.50	0.22	0.17	0.16	0.16	0.14	0.15	0.16	0.10	0.29	0.25	0.25	0.33	0.32	0.04
K_2O	5.58	5.20	5.47	0.38	0.15	0.12	0.32	0.40	0.90	0.90	0.74	1.24	1.34	1.79	1.58	2.82	2.86	0.56	0.51	1.18	0.95	1.12	0.96	0.56
Na_2O	0.16	0.20	0.11	3.64	1.56	2.17	0.63	1.24	0.87	0.87	0.82	3.40	3.42	3.48	3.38	3.31	2.81	0.06	0.04	2.46	2.40	1.72	1.68	0.07
P_2O_5	0.13	0.12	0.15	0.49	0.31	0.36	0.39	0.32	0.39	0.39	0.28	0.43	0.44	0.41	0.40	0.45	0.44	0.09	0.09	0.46	0.48	0.52	0.52	0.25
LOI	4.80	5.11	4.74	1.86	14.56	8.54	8.84	6.93	7.82	7.82	8.10	2.30	2.39	3.76	4.80	3.64	3.60	7.11	6.84	2.65	1.52	4.64	5.17	13.49
total	99.24	99.58	98.84	100.2	99.88	99.57	98.89	99.62	99.54	99.07	99.33	99.75	99.63	99.58	99.92	99.82	99.46	99.80	98.96	99.88	100.6	99.83	99.96	100.2
CIA	69.97	70.84	70.34	56.06	55.01	68.02	66.15	89.91	85.20	86.04	88.24	55.04	55.53	55.31	57.31	53.47	54.66	95.51	95.85	57.96	59.88	68.53	70.20	97.16
微量和稀土元素																								
Co	40.8	39.7	37.8	41.7	38.0	38.0	46.5	58.5	48.0	60.6	59.4	38.7	38.5	37.2	38.3	34.4	33.8	29.7	78.5	34.2	41.6	60.9	57.8	22.9
Cr	68	66	63	19	20	275	356	77	449	197	201	28	26	42	43	28	27	229	248	27	28	34	38	93
Ni	66.9	66.3	63.4	50.2	47.7	74.6	93.6	78.0	103.5	76.9	94.6	35.9	35.3	55.9	51.5	33.1	31.5	68.9	72.2	43.3	48.9	65.2	61.1	69.6
V	378	377	358	375	369	271	325	205	385	296	309	348	346	346	305	316	315	286	273	387	384	454	450	468
Sc	29.8	27.9	28.6	24.9	24.1	28.0	26.5	15.3	36.4	22.8	23.0	27.5	26.9	25.2	25.0	26.7	25.7	17.5	17.3	25.1	25.2	28.7	28.2	38.6
La	73.1	60.2	63.4	50.6	51.2	51.0	51.0	87.8	66.2	79.2	80.7	51.8	53.7	44.6	44.7	47.2	50.8	47.4	45.2	48.4	45.3	49.0	50.9	66.2
Ce	163.0	142.5	157.0	112.5	113.0	102.5	106.5	171.5	137.5	161.5	159.5	116.0	117.5	96.2	96.4	108.5	112.5	92.4	93.8	103.0	100.0	109.5	108.8	195.5

（续表）

采样地点	毕节			赫章								威宁								水城				
样品号	B-010	B-009	B-011	H-007	H-008	H-001	H-002	H-003	H-004	H-005	H-006	W-001	W-002	W-003	W-004	W-005	W-006	W-HT1	W-HT2	S-001	S-002	S-003	S-004	S-005
岩性	蚀变玄武岩		玄武岩	玄武岩		蚀变玄武岩						玄武岩						红土		玄武岩			蚀变玄武岩	
Pr	24.1	23.9	19.45	13.80	13.80	12.15	12.65	16.30	18.05	18.70	17.55	14.05	14.20	12.20	12.30	13.35	13.80	9.30	8.18	12.25	11.50	12.95	13.50	15.90
Nd	93.8	98.7	77.6	56.4	56.1	44.7	47.5	60.9	69.2	69.3	65.4	57.3	57.8	49.0	50.4	53.0	55.7	32.4	29.6	47.8	47.2	51.3	53.9	61.5
Sm	21.0	22.1	16.70	11.70	11.70	9.65	8.63	13.30	14.85	14.40	12.65	11.45	11.75	10.40	10.55	11.10	11.45	5.47	5.02	10.05	10.05	10.85	11.55	12.15
Eu	5.25	5.73	4.95	3.81	3.78	3.06	2.86	5.63	4.79	4.62	3.76	3.45	3.49	3.20	3.30	3.25	3.38	1.25	1.16	3.26	3.31	3.54	3.68	3.29
Gd	18.15	19.75	14.80	10.05	9.72	8.37	7.66	11.95	14.05	12.95	11.20	10.05	9.91	9.03	8.68	9.71	9.66	4.79	4.54	9.01	8.95	10.05	10.00	9.40
Tb	2.48	2.93	2.13	1.36	1.34	1.18	1.09	1.66	1.99	1.76	1.68	1.32	1.41	1.21	1.20	1.32	1.29	0.76	0.72	1.23	1.22	1.38	1.38	1.45
Dy	14.88	17.25	12.20	7.67	7.47	6.66	6.28	9.48	10.65	10.05	9.29	7.77	8.01	6.93	7.00	7.47	7.52	4.93	4.59	7.35	7.39	7.74	7.89	9.09
Ho	2.73	3.34	2.24	1.48	1.40	1.25	1.24	1.73	2.01	1.90	1.91	1.51	1.59	1.34	1.30	1.46	1.47	1.05	0.99	1.40	1.42	1.54	1.58	1.85
Er	6.88	8.13	5.63	3.91	3.80	3.20	3.23	4.25	5.36	5.17	5.30	4.14	4.12	3.54	3.59	3.85	3.99	3.28	3.16	3.87	4.01	4.22	4.16	5.15
Tm	0.89	1.06	0.71	0.51	0.53	0.41	0.43	0.56	0.75	0.68	0.73	0.57	0.55	0.47	0.46	0.52	0.53	0.48	0.46	0.53	0.53	0.55	0.58	0.78
Yb	5.27	5.76	4.07	2.90	2.91	2.45	2.59	3.13	4.32	4.25	4.20	3.31	3.27	2.80	2.74	3.08	3.10	3.02	2.96	3.12	3.07	3.14	3.34	4.77
Lu	0.71	0.77	0.55	0.40	0.41	0.33	0.34	0.45	0.63	0.61	0.61	0.46	0.46	0.37	0.37	0.43	0.43	0.46	0.44	0.43	0.44	0.46	0.47	0.69
Rb	224	200	283	15.8	10.9	6.3	5.1	14.9	34.6	13.2	27.9	52.4	50.2	63.6	56.4	81.6	84.6	59.9	58.0	28.7	17.7	28.4	22.3	35.7
Ba	680	730	710	650	420	140	130	320	410	410	330	330	330	280	240	370	380	150	180	410	410	510	520	170
Th	9.00	8.73	8.80	7.25	7.15	7.24	8.24	9.37	13.65	15.75	13.95	9.81	9.60	7.84	7.61	9.08	9.14	21.0	19.95	5.95	6.05	6.45	6.63	16.90
U	2.68	2.74	2.66	1.87	1.86	1.47	1.60	1.91	3.48	3.65	3.37	2.33	2.26	1.98	1.92	2.22	2.28	7.90	7.40	1.40	1.46	1.57	1.55	4.28
Nb	41.9	41.7	43.1	40.0	39.8	45.9	51.7	61.1	78.9	77.3	76.8	36.2	36.6	32.2	32.1	34.5	34.4	25.1	23.1	35.1	36.9	39.5	39.1	49.2
Ta	3.1	3.0	3.0	2.6	2.7	3.1	3.5	3.9	4.9	4.6	5.1	2.4	2.4	2.1	2.0	2.2	2.3	1.8	1.7	2.3	2.4	2.5	2.6	3.3
Sr	107.0	106.5	114.5	701	673	313	201	93.5	157.5	175.0	162.0	548	455	323	328	212	197.0	30.2	28.5	482	468	281	280	65.6
Zr	401	396	396	368	361	274	320	363	514	492	521	390	385	336	341	359	360	328	336	313	320	336	349	455
Hf	11.0	10.5	10.2	10.1	10.0	7.4	8.6	9.7	13.6	12.3	14.3	10.5	10.3	9.0	9.1	10.0	10.3	9.3	9.7	8.0	8.6	9.1	9.0	12.0
Y	65.6	76.2	54.2	38.1	36.6	31.7	28.2	45.1	53.0	52.1	48.2	40.3	39.7	36.7	34.8	38.6	38.4	33.8	32.3	37.4	37.5	40.0	41.5	47.2

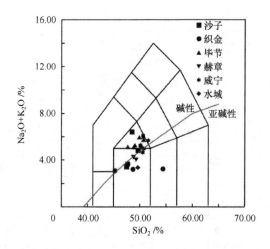

图 5.2　贵州六地碱性玄武岩的 TAS 图解（底图据 Le Bas，et al，1986）

● 5.3　微量元素的地球化学特征

晴隆沙子、织金、毕节、赫章、威宁及水城 6 个地区的玄武岩相容元素较低，Co、Cr、Ni 和 V 的含量范围分别为（33.80～49.10）×10^{-6}、（17.00～48.00）×10^{-6}、（31.50～64.60）×10^{-6} 和（305～420）×10^{-6}，且变化范围较小，反映其具有较为均一的源区组成，并经历了一定程度的分离结晶作用。

在原始地幔标准化后的蛛网图中（见图 5.3），晴隆沙子、织金、毕节、赫章、威宁及水城地区玄武岩的微量元素特征相近，都显示出与洋岛玄武岩（Ocean Island Basalt，OIB）相似的特征。与其他高 Ti 玄武岩类似，均具有弱的负 Sr 异常（Xu，et al，2001）。

原始地幔的 Th/Ta 比值为 2.3，而平均上地壳的 Th/Ta 比值一般大于 10（Condie，et al，1993）。可见微量元素 Th 和 Ta 对地壳混染作用十分敏感，地壳混染会导致玄武岩 Th/Ta 比值升高。如图 5.4 所示，晴隆沙子、织金、水城、赫章和毕节地区的玄武岩 Th/Ta 比值为 2.5～2.9，接近原始地幔值；而威宁地区玄武岩的 Th/Ta 比值比较大，其数值为 3.7～4.0，暗示威宁地区玄武岩受地壳混染的作用影响更大。

晴隆沙子、织金、毕节、赫章、威宁及水城 6 个地区样品中 Sc 的平均含量如图 5.5 所示，可以看出，Sc 在晴隆有明显富集；但沿着峨眉山玄武岩等值线升高方向的水城、赫章、威宁未见 Sc 的明显升高或富集，沿着二叠世末期近于相同峨眉山玄武岩厚度的海陆交互相，织金、水城、毕节也未见 Sc 的明显升高或富集。

值得一提的是，威宁县黑石头镇居乐村一带是贵州省境内出露峨眉山玄武岩厚度最大的地区，作者取样的玄武岩风化红土在外观上与晴隆沙子钪矿区的风化红土极为相似（见彩插照片 23、24），且风化条件更好，但 Sc 的含量却是几个采样地点中最低的，只有 17.04×10^{-6}。

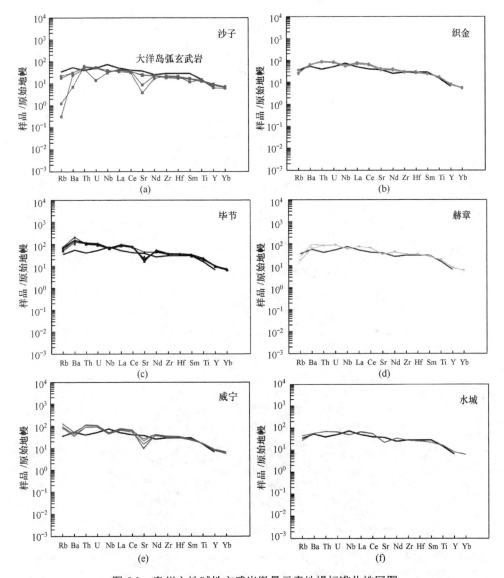

图 5.3　贵州六地碱性玄武岩微量元素地幔标准化蛛网图

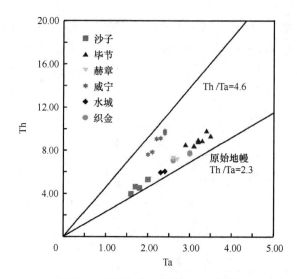

图 5.4　贵州六地玄武岩 Th-Ta 图解

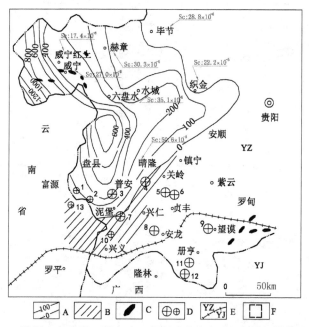

图 5.5　峨眉山玄武岩、凝灰岩、辉绿岩分布与 Sc 含量取样点分布图

A—玄武岩分布区及等厚线（数字为厚度，单位为 m，0 线为玄武岩边界）；B—玄武岩外缘凝灰岩分布区；C—辉绿岩；D—玄武岩碱度分区；E—金矿床，矿点；1—芹菜坪，2—砂锅厂，3—陇英大地，4—老万场，5—紫木凼，6—水银洞，7—泥堡，8—戈塘，9—滥泥沟，10—雄武，11—丫他，12—板其，13—麻地；F—构造单元分界线；YZ—扬子陆块，YJ—右江造山带；G—凝灰岩赋存的金矿分布区域

　　聂爱国等人（2015）根据矿石中微量元素（$n = 27$）的相关分析结果，以相关系数 0.6 正相关水平以上得出结论，Sc-TiO$_2$-Cu-Fe-Mn 组合存在正相关关系，这反映在区域背景下，局限水体的特征地球化学环境，即在地表强氧化带局限水体，富含 Fe、Mn、Sc、Ti 的玄武岩喷发物落入水体，经水解，形成低温低压及弱碱性水环境，原玄武岩中的二价铁氧化为三价铁形成褐铁矿，原玄武岩中的二价锰氧化为三价锰或四价锰形成硬锰矿，Ti 在氧气供应充分、低温低压及弱碱性的环境下形成锐钛矿。

5.4　稀土元素的地球化学特征

　　稀土元素（REE）是周期表中 III B 族钇和镧系元素的总称。稀土元素作为一组特殊的元素在地球化学研究中占有重要地位。一方面，由于化学性质相似，以致它们在自然界中总是共生的。另一方面，稀土元素在原子结构上存在微小差别，导致各稀土元素之间的化学性质迥异。稀土元素的化学性质决定了它们在不同的地质过程中会发生分馏，而这种分馏必将导致稀土元素分布状况和分布模式发生变化。在地学研究中，由于稀土元素在沉积物沉积过程中相对困难的分馏机制，常被用来追踪沉积物的物质来源（Cullers，et al，1987；McLennan and Taylor，1991；Taylor and McLennan，1985）。尤其是 Taylor 等人（1985）通过对稀土元素示踪的详细研究提出了"Taylor 模式"之后。国内外不少学者尝试利用 REE 对黄土、河流沉积物等物质的物源进行示踪，取得了良好的研究成果（Lee and Byrne，1993；Millero，1992；杨忠芳等，1997）。

　　晴隆沙子钪矿区的矿化红土、蚀变玄武岩、枕状玄武岩及灰岩的稀土元素总量（ΣREE）分别为（250～300）×10^{-6}、（270～365）×10^{-6}、（138～173）×10^{-6} 和（3.5～16.6）×10^{-6}（见表 5.1）。如图 5.6 所示，新鲜玄武岩的配分模式为轻稀土富集型，具有弱的 Eu 正异常，与峨眉山高 Ti 玄武岩类似，蚀变玄武岩和红土的稀土重量是新鲜玄武岩的 2～3 倍，但配分模式基本一致。灰岩具有最低的稀土元素含量，且具有明显不同于前三者的稀土配分模式。这说明晴隆沙子钪矿中赋矿红土为玄武岩风化的产物，而与下伏的茅口组灰岩没有成因联系。

　　晴隆沙子、织金、毕节、赫章、水城及威宁地区玄武岩中的稀土含量较高，其中，晴隆沙子矿区玄武岩中 ΣREE 含量为（138.1～173.3）×10^{-6}，轻重稀土分异明显，LREE/HREE 比值介于 4.83～5.83；其他地区玄武岩稀土元素的含量相似，但比晴隆沙子地区稍高，其含量变化介于（241.3～351.2）×10^{-6}。

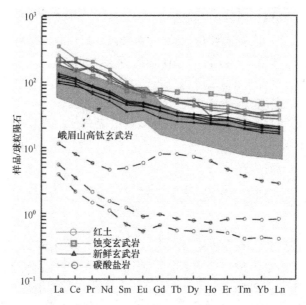

图 5.6　晴隆沙子钪矿区不同类型样品的稀土球粒陨石标准化图

贵州 6 个地区玄武岩的稀土元素配分模式基本一致，均为轻稀土富集型（见图 5.7），与其他峨眉山高 Ti 玄武岩类似，δEu 无异常或弱的正异常，发生 Eu 正异常的样品可能与钙长石的堆积作用有关。

综上所述，晴隆沙子玄武岩和其他地区（如织金、毕节、赫章、威宁和水城）的玄武岩在主量、微量及稀土元素特征上，没有明显的区别。因此，单纯峨眉山玄武岩厚度的增高或者二叠世末期近于相同峨眉山玄武岩厚度的海陆交互相并非 Sc 成矿的决定因素，Sc 成矿是一个复合的过程，这在后文中会有详细论述。

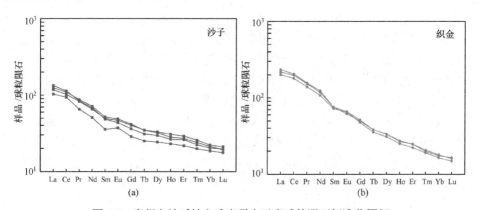

图 5.7　贵州六地碱性玄武岩稀土元素球粒陨石标准化图解

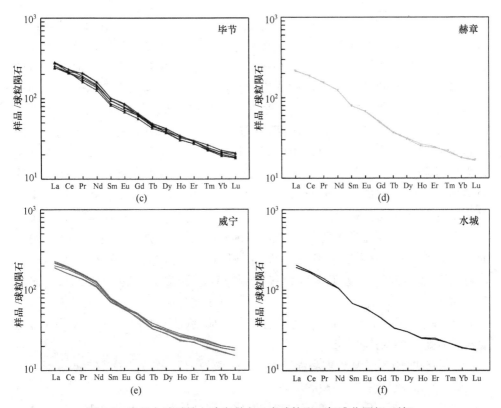

图 5.7 贵州六地碱性玄武岩稀土元素球粒陨石标准化图解（续）

● 5.5 元素变化与矿物组成之间的关系

在一定程度上，CIA 指数反映的是岩石的矿物组成，如表 5.2 所示，长石类矿物的 CIA 指数是 50，而黏土矿物的 CIA 指数往往很高（75～100），可见 CIA 指数随着风化程度的增加暗示有大量黏土矿物的形成。事实的确如此，前人研究表明，地球表面广泛分布的铝硅酸盐（如长石等）、铁镁硅酸盐（如橄榄石、辉石等）及其他矿物在地表各种化学风化作用下，最终都要彻底分解。在这个过程中，某些成分形成易溶盐随水流失，而其他组成会形成新的不溶矿物，如黏土矿物（高岭石、蒙脱石等）铝土矿物及褐铁矿等。黏土矿物是铝酸盐类矿物风化的主要产物，国内外很多地质学家对硅酸盐自然风化作用下的产物进行了大量研究，有学者甚至将风化过程概化为产生次生黏土矿物和溶解盐的酸碱反应。黄成敏等人（2001）研究我国海南岛北部第四纪玄武岩发育的土体发现，高岭石的含量随着风化成土年代的增加而增高，至富铁土的高岭石含量达到最高，随后开始降低，但高岭石的结晶度却不断向晶形好的方向发展。都凯等人（2012）通过对我国东部新生代玄武岩发育的典型风化壳剖面的黏土矿物组成研究得出，从内蒙古到海南岛随着气候由干冷向湿热转变，风化剖面内黏土矿物的组合呈现"蒙脱石+高岭石+伊利石"向"蒙脱石+高岭石""三水铝石+高岭石"的变化。孙庆峰等人（2011）指出在暖湿的气候环境下，淋滤作用较强，母岩在风化作用下碱金属和碱土金属元素很容易淋滤流失，首先形成蒙脱石，然后进一步形成高岭石，而在干冷的环境下，碱土金属元素淋滤作用受到抑制，有利于蒙脱石、伊利石、伊蒙混层矿物等的形成。Martinelli 等人（1993）研究发现，从南美亚马孙河源区向河口，随着海拔高度的降低，高岭石的含量逐渐增加，但是蛭石和蒙脱石的含量减少，伊利石的含量变化不大，沉积物成熟度增高。马毅杰等人（1999）在研究了我国南方地区花岗岩和玄武岩发育的铁铝土矿物组成和风化演变后，将上述岩石风化形成黏土矿物分为以下 3 个序列。

（1）玄武岩风化形成砖红壤的矿物演化序列：铁镁硅酸盐矿物+斜长石→非晶质物质→高岭石→三水铝石。

（2）玄武岩风化形成红壤和赤红壤的矿物演化序列：铁镁硅酸盐矿物+斜长石→水云母→1.4nm 过渡矿物→蒙脱石。

（3）花岗岩风化形成砖红壤的矿物演化序列：长石+2：1 型矿物→非晶质物质→高岭石→三水铝石。

同时，不同亚类的硅酸盐岩由于矿物组成不同，其矿物演化序列和过渡矿物也不尽相同（见图 5.8），路景冈（1997）总结了原生硅酸盐矿物通过风化作用向铁铝氧化物演化的过程。但是，值得注意的是，原生矿物种类很多，再加上影响原生矿物和次生矿物类型的表生环境较为复杂，所以矿物的风化并不一定遵循某一特定的演化序列。如张汝潘（1992）明确指出：在不同条件下，长石风化形成不同类型的黏土矿物，但这个过程并不遵循某一固定的演化模式，相反，大多会经历一个复杂的过渡矿物阶段，最后才会形成蒙脱石、高岭石或者埃洛石等。

经光薄片镜下观察、X 射线粉晶衍射分析（见图 5.9）、人工重砂分析、电子探针分析等研究，发现矿石中含氧化物、硅酸盐、硫化物 3 类共 14 种矿物，其中氧化物约占 38.7%，硅酸盐约占 61%，硫化物偶见；其中锐钛矿占 4.6%左右。矿物组成及含量见图 5.10 及表 5.4。其中氧化物和硅酸盐矿物含量最多的分别为褐铁矿和高岭石。

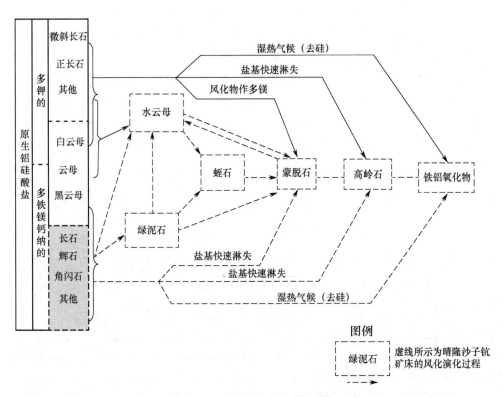

图 5.8　原岩中矿物风化形成黏土矿物的一般顺序

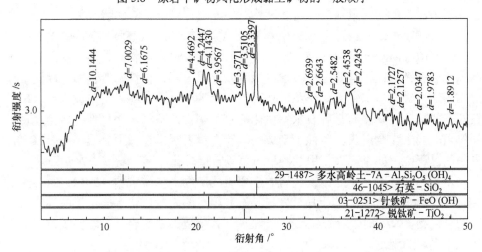

图 5.9　原矿 X 射线粉晶衍射图

表5.4　晴隆沙子钪矿床矿石矿物成分简表

类 型	矿物名称	分 子 式	粒度/mm	含量/%左右
氧化物	锐钛矿	TiO_2	0.003～0.09	4.6
	褐铁矿	$FeOOH$	<0.004 0.05～0.3	25
	石英	SiO_2	0.05～0.1	9
	磁铁矿	Fe_3O_4	<0.06	0.1
	钛铁矿	$FeTiO_3$	<0.06	偶见
硅酸盐	高岭石	$Al_4[Si_4O_{10}](OH)_8$	<0.004	48
	绢云母	$KAl_2[AlSi_3O_{10}](OH)_2$	<0.03	9
	绿泥石	$(Mg,Fe,Al)_3(OH)_6\{(Mg,Fe^{2+},Al)_3[(Si,Al)]_4O_{10}(OH)_2\}$	<0.03	3
	斜长石	$Na[AlSi_3O_8]$	0.01～0.2	<1
	锆石	$ZrSiO_4$	0.05～0.1	
	电气石	$Na(MgFeLiAl)_3Al_6[Si_6O_{18}][BO_3]_3(OH,O,F)_4$	0.05～0.15	偶见于重砂中
	绿帘石	$Ca_2FeAl_2[Si_2O_7][SiO_4]O(OH)$	0.05～0.15	
硫化物	毒砂	$FeAsS$	0.05～0.15	偶见于重砂中
	黄铁矿	FeS_2		
合计			—	99.7

高岭石矿物，一般认为黑云母在风化作用下，会快速分解形成高岭石，考虑玄武岩中黑云母的含量很少，所以高岭石的形成与斜长石的水解有关：

$$CaAl_2Si_2O_8（斜长石）+H_2O+CO_2 \longrightarrow Al_2Si_2O_5(OH)_4（高岭石）+HCO_3^{-1}+Ca^{2+}$$

辉石$[(Ca,Mg,Fe,Al)_2(Si,Al)_2O_6]$是玄武岩的主要造岩矿物，在热带地区易于水解风化脱去钙、镁、硅等组分，形成绿泥石、绿帘石、褐铁矿等物质。绿泥石和绿帘石通过进一步水解风化作用，实现铁、铝等组分的分离，可形成水针铁矿、蒙脱石等组分。蒙脱石是辉石水解风化的中间产物，不稳定，是在钠、钾、钙、镁等组分尚未完全淋失的条件下形成的。有资料表明，在碱土金属和碱金属风化淋失的过程中，如果脱硅作用强烈，也可以直接转化为高岭石或三水铝石。

斜长石和辉石是峨眉山玄武岩的主要组成矿物（如廖宝丽，2013；张春生，2016；张腊梅，2015），如上所述，斜长石和辉石的完全风化水解可形成高岭石和铁的氧化物（如褐铁矿等），这进一步证明了，峨眉山玄武岩是晴隆沙子钪矿中矿化红土母岩的观点。

第 6 章
U-Pb、Hf、Fe 同位素成矿指示特征

6.1 分析方法

6.1.1 锆石 CL 照相

解释锆石内部结构的常用方法有 HF 酸蚀刻图像、背散射电子（BSE）图像和阴极发光电子（CL）图像。HF 酸蚀刻图像的应用原理是：由于锆石不同区域表面的微量元素含量和蜕晶化程度的差异，导致其稳定性和抗 HF 酸腐蚀能力不同，在 HF 酸的作用下，这些锆石的内部结构就会显示出来（Pidgeon, et al, 1998）。这种方法简单易行，不需要大型仪器设备，但它可能会对锆石表面造成不同程度的破坏。BSE 图像揭示的是锆石表面平均分子量的差异（Hanchar and Miller, 1993），除可以揭示锆石的内部结构外，锆石的 BSE 图像还可以很好地显示锆石的表面特征（如包裹体的分布和裂隙的发育情况等）。而 CL 图像显示的则是锆石表面部分微量元素（如 U、Y、Dy 和 Tb 等）的含量和/或晶格缺陷的差异，一般锆石中 U、REE 和 Th 等微量元素的含量越高，锆石阴极发光的强度越弱（Corfu, et al, 2003; Hanchar and Miller, 1993; Hanchar and Rudnick, 1995; Rubatto and Gebauer, 2000）。锆石 CL 图像和 BSE 图像的明暗程度往往具有相反的对应关系。在绝大多数情况下，CL 图像反映锆石的内部结构最清楚，也是锆石内部结构研究中最常用和最有效的方法。

6.1.2 锆石 LA-ICP-MS 定年

岩石样品经过破碎、筛选、重选及磁选后，在双目镜下挑选出透明度较好、晶形完整、无明显裂隙的锆石颗粒。将分选好的锆石颗粒粘在双面胶上，然后使

用环氧树脂将其固定。待环氧树脂充分固化后，将其打磨抛光至锆石中心暴露，制成锆石样品靶。利用阴极荧光谱仪对锆石样品靶进行锆石 CL 图像显微照相，然后在此基础上进行锆石的 U-Pb 同位素测定工作。

LA-ICP-MS（激光探针−等离子质谱仪）是分析单颗粒锆石，获得年龄的有效工具，锆石 U-Pb 定年是在中国科学院地球化学研究所矿床地球化学国家重点实验室完成的。分析仪器为 Perkinelmer 生产的 ELAN DRC-e 型等离子质谱仪，配套 GeoLasPro 195nm 型准分子激光剥蚀系统。分析测试的条件如下：能量密度为 40 J/cm^2、束斑直径为 32 μm、频率为 8 Hz、剥蚀时间为 90 s，剥蚀气溶胶由氦气送入 ICP-MS 完成测试。测试过程中以标准锆石 91500 为外标，校正仪器质量歧视与元素分馏；以标准锆石 Plešovice 和 GJ-1 为盲样，校验 U-Pb 定年数据质量；以 NIST SRM 610 为外标，以 Si 为内标，标定锆石中的 U、Th、Pb 元素含量，以 Zr 为内标，标定锆石中其余微量元素含量。原始测试数据用 ICPMSDataCal 软件进行处理（Liu，et al，2008）。普通 Pb 校正方法参照 Andersen（2002），206Pb-238U 加权平均年龄和协和图解由 ISOPLOT 软件获得（Ludwig，2003）。单个数据点误差均为 1σ。

6.1.3　锆石 Hf 同位素

锆石 Hf 同位素分析利用南京大学内生金属矿床成矿机制研究国家重点实验室的激光剥蚀多接收等离子质谱仪（LA-MC-ICP-MS）完成测试，其中激光剥蚀系统为 New Wave 公司生产的 UP193FX 型固体激光剥蚀系统，MC-ICP-MS 为 Thermo Fisher 公司生产的 Neptune Plus。实验过程中采用 He 作为剥蚀物质载气，将剥蚀物质从激光探针传送到 MC-ICP-MS 之前与 Ar 混合，形成混合气体。根据锆石大小，剥蚀直径采用 35μm，激光脉冲频率为 8Hz，信号采集次数 200 次，采集时间 1 min 左右。分析点与 U-Pb 定年分析点为同一位置或其附近或在其完整晶形对应的另一侧。在本次测试中，锆石 Mud Tank 被作为参考标准，测试的 $^{176}Hf/^{177}Hf$ 加权平均比值为 0.282499±12（2σ，$n=12$），这与 Woodhead 和 Hergt（2005）报道的 $^{176}Hf/^{177}Hf$=0.282504±44（2σ，$n=158$）在误差范围内一致。^{176}Lu 的衰变常数采用 $1.865×10^{-11a-1}$（Scherer，et al，2001），$\varepsilon Hf(t)$ 值的计算采用文献 Bouvier，et al（2008）推荐的球粒陨石 Hf 同位素值：$^{176}Lu/^{177}Hf$=0.0332，$^{176}Hf/^{177}Hf$=0.282772。Hf 模式年龄采用现代亏损地幔的（$^{176}Hf/^{177}Hf$）DM 比值 0.28325、（$^{176}Lu/^{177}Hf$）DM 比值 0.0384（Griffin，et al，2000）及平均地壳的（$^{176}Lu/^{177}Hf$）$_C$ 比值 0.015（Amelin，et al，1999）进行计算。

6.1.4　Fe 同位素分析测试

1. 样品溶解

称取约 0.1g 粉末样品放入 Teflon 溶样瓶中，加入 HNO_3 和 HF，放置在电热板上加热，直至样品完全消解，蒸干样品。加入 HNO_3，蒸干以赶走样品中的 HF，重复 3 次。而后，将样品转换为盐酸介质，蒸干。加入 5mL 7mol/L HCl+0.001% H_2O_2，溶解样品至透亮，准备上柱。

2. 铁的分离纯化

采用 AG MP-1 阴离子交换环氧树脂分离溶液中的 Fe，在首次使用 AG MP-1 阴离子交换环氧树脂之前，将其用 Milli-Q 超纯水浸泡，湿法装柱。用 0.5mol/L HNO_3 和 Milli-Q 超纯水交替洗柱数次，然后用 7mol/L HCl+0.001% H_2O_2 平衡。取 0.2 mL 样品溶液上柱，用 25 mL 7mol/L HCl+0.001% H_2O_2，去除基体元素，在用 22 mL 2mol/L HCl+0.001% H_2O_2 试剂淋洗接收 Fe。将 Fe 的淋洗液蒸干，转化为硝酸介质，以备质谱测试。

3. 铁同位素质谱测试

Fe 同位素组成的测定是在英国 Nu Instruments 公司生产的高分辨多接收电感耦合等离子体质谱仪（Nu Plasma HR）上进行的。化学分离后的样品溶液通过 DSN-100 膜去溶进入等离子体，等离子化的样品在高分辨模式下经电场和磁场的双聚焦后，进入接收器进行测定。该仪器在高分辨模式下可以有效地将干扰信号与样品的 Fe 信号分开，从而有效去除 $^{40}Ar^{14}N$、$^{40}Ar^{16}O$ 等多原子离子团对 ^{54}Fe 和 ^{56}Fe 的干扰。

在分析过程中，采用"标样—样品—标样"交叉法（Standard-Sample-Standard）校正仪器的质量分馏，标样和样品进样溶液的浓度相对偏差控制在 10% 以内。样品和标准之间分别用 10% 和 0.1% 的硝酸清洗 3min 和 2min。Fe 同位素的信号在静态模式下用 3 个法拉第杯同时接收。数据由软件自动采集，每组数据采集之前进行 20s 的背景测试。

Fe 同位素的分析结果用相对于国际标准物质 IRMM-014 的千分偏差 $\delta^{56}Fe$ 来表示：$\delta^{56}Fe = [(^{56}Fe/^{54}Fe)_s/(^{56}Fe/^{54}Fe)_{IRMM-014}-10]\times10^3$ 和 $\delta^{57}Fe = [(^{57}Fe/^{54}Fe)_s/(^{57}Fe/^{54}Fe)_{IRMM-014}-10]\times10^3$。用 Δ 表示铁同位素在两种不同物质中铁同位素组成之差。

● 6.2　U-Pb 同位素成矿指示特征

成矿时代的精确厘定，对于理解矿床的形成过程，确定矿床的成因及进一步找矿都具有非常重要的意义。测定各种地质事件的准确时间是放射成因同位素研究的主要任务之一。由于锆石广泛存在于各类岩石中，富含 U 和 Th、低普通 Pb 及非常高的矿物稳定性，使锆石 U-Pb 定年成为同位素年代学研究中最常用和最有效的方法之一。首先，锆石 U-Pb 体系是目前已知矿物同位素体系中封闭温度最高的,锆石中 Pb 的扩散封闭温度高达 900℃（Cherniak and Watson，2003；Heaman and Parrish，1991；Poitrasson，et al，2002），是确定各种高级变质作用峰期年龄和岩浆岩结晶年龄的理想对象；其次，对于只有单阶段演化历史的岩浆岩，锆石 U-Pb 定年往往可以给出非常准确的年龄信息，而对于具有复杂演化历史的变质岩，亦可通过获得多组锆石来认识其演化；最后，锆石的结构、微量元素特征和矿物包裹体成分等可以用来对锆石的形成环境进行限定，进而为锆石 U-Pb 年龄的合理解释提供有效和重要的制约。

6.2.1 晴隆沙子铊矿锆石成因

通常锆石可以分为岩浆锆石、变质锆石和热液锆石。岩浆锆石是指直接从岩浆中结晶形成的锆石；变质锆石是指在变质作用过程中形成的锆石，变质锆石的形成机制主要包括：①深熔过程中从熔体中结晶；②固相矿物分解产生的 Zr 和 Si，成核和结晶；③原岩锆石的变质重结晶作用；④热液蚀变作用对原有锆石的淋滤和溶蚀。因此，变质锆石的形成既可以是变质过程中新生长的锆石，又可以是变质作用对原有锆石不同程度的改造。总之，变质锆石的类型可分为变质结晶锆石、变质增生锆石和变质重结晶锆石等。热液锆石顾名思义，是指与热液作用有关的锆石，前人研究认为，热液锆石的形成机制包括：①蜕晶化锆石与热液离子交换机结构恢复；②锆石从残余岩浆热液中直接结晶；③韧性剪切带的流体作用等。如表 6.1 所示，由于形成的环境不同，这 3 种成因的锆石在晶体结构和微量元素特征方面，存在着显著的差异（李长民，2009；吴元保和郑永飞，2004）。

表 6.1 岩浆锆石、变质锆石和热液锆石主要特征对比

特征＼分类	岩浆锆石	变质锆石	热液锆石
形成环境	熔体中的结晶作用	高级变质岩的深熔作用、变质结晶作用、变质重结晶作用	经过热液流变蚀变或热液改造的锆石，或者从热液流体中直接结晶的锆石
化学特征	Th、U 含量较高、Th/U 比值较大（一般大于 0.4），且具有较高的 REE 和陡立的 HREE 配分模式，正 Ce 异常和负 Eu 异常	Th、U 含量低、Th/U 比值小（一般小于 0.1）而分散，不同程度的 LREE 富集，HREE 含量低	Th、U 含量较高、Th/U 比值较高（高出数十倍），LREE 富集（高 2～3 个数量级），稀土配分模式轻微倾斜，具较小的正 Ce 异常

（续表）

特征 \ 分类	岩浆锆石	变质锆石	热液锆石
内部结构	振荡环带，亮色的 CL	CL 不明显，多种增生结构（冷杉状、星云状、辐射状等）	无振荡环带，无阴极发光
结晶习性	自形、晶面简单、其晶棱锋锐、清晰，柱状或细长柱状	外形多椭圆形、不规则状，一般延长度小，晶面复杂、晶棱圆滑、晶面有溶蚀	不规则状、多孔洞状、海绵状、环带状、细脉状；晶体的棱柱不明显
包裹体	金红石、磷灰石和熔体包裹体	绿泥石、石榴石、绿辉石、甚至出现金刚石、柯石英等超高压变质矿物包裹体	电气石、黄铁矿、白钨矿、绢云母、自然金与低盐度 $H_2O\text{-}CO_2$ 流体包裹体共存
年龄意义	岩浆结晶年龄	形成年龄，变质年龄	热液矿物的形成年龄

晴隆沙子钪矿的锆石无色透明，自形程度好，主要为短柱状，颗粒大小为 100～150μm，阴极发光图像显示，锆石内部有很强的振荡环带［见图 6.1（a）］。上述特征暗示锆石晶体可能为岩浆锆石。晴隆沙子钪矿锆石外形呈棱角状或次棱角状，暗示其没有经过远距离搬运。

大量研究表明，不同成因锆石有不同的 Th、U 含量及 Th/U 比值。岩浆锆石的 Th、U 含量较高、Th/U 比值较大（一般大于 0.4）；岩浆锆石的 Th/U 比值与 Th 和 U 在岩浆中的含量及它们在锆石与岩浆之间的分配系数有关（Mojzsis and Harrison，2002；Rowley，et al，1997），具体对应关系为：(Th/U) 锆石≌ (D^{Th}/D^{U}) 锆石/熔体×（Th/U）熔体。在一般情况下（D^{Th}/D^{U}）锆石/熔体≌0.2，平均地壳物质中 Th/U 比值约为 4，所以通常岩浆锆石的 Th/U 比值接近 1。晴隆沙子钪矿中，19 个锆石分析点获得的 Th 含量变化介于（70.56～143.19）×10^{-6}，U 的含量变化范围为（97.20～174.35）×10^{-6}，Th/U 比值介于 0.73～0.94［见图 6.1（b）］，具有岩浆锆石的 Th/U 比值特征。

岩浆锆石的微量元素，特别是稀土元素的特征研究主要用于判断寄主的岩石类型。但是，对于岩浆锆石的微量元素特征是否能判断寄主岩石的类型还存在较大的争议。Hoskin 和 Ireland（2000）对不同类型岩石中的锆石进行了稀土元素分析后发现，除典型地幔岩石中的锆石具有较低的稀土元素含量外，其他类型岩石中的锆石具有非常类似的稀土元素含量和配分模式，都表现为具有正 Ce 异常和负 Eu 异常的重稀土富集型配分模式。所以锆石的稀土元素特征并不能用来判断寄主岩石的类型。Belousova 等人（2002）对大量岩浆锆石进行微量元素分析，结果表明不同类型的岩浆锆石可以通过微量元素变化图解和微量元素含量统计分析树形图解进行区分。

(a) 锆石典型CL图像

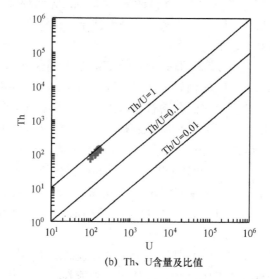

(b) Th、U含量及比值

图6.1 晴隆沙子锑矿中锆石典型 CL 图像和 Th、U 含量及比值

晴隆沙子锑矿的锆石稀土元素总量（ΣREE）范围在（868.9～1180.0）$\times 10^{-6}$（见表 6.2），在稀土元素球粒陨石标准化图上，表现为重稀土富集型，具有强烈的 Ce 正异常（$\delta Ce=1.89～8.66$）和 Eu 负异常（$\delta Eu=0.16～0.25$）（见图 6.2），为典型岩浆成因锆石的配分模式。在 Belousova 提供的判别图解中，晴隆沙子锑矿的锆石属于玄武岩岩浆锆石（见图 6.3）。

表 6.2　晴隆沙子钪矿中锆石的稀土元素组成

REE / 样品号	La	Ce	Pr	Nd	Sm	Eu	Gd	Tb	Dy	Ho	Er	Tm	Yb	Lu	Eu*	Ce*	Hf	Ta
SZ16-01	2.95	18.94	1.29	12.31	14.49	2.15	58.64	15.76	172.01	51.20	209.25	33.84	310.24	46.46	0.23	2.36	7619.31	2.70
SZ16-02	3.04	19.19	1.30	12.27	14.37	2.12	57.75	15.49	169.47	50.77	206.81	33.36	304.41	45.87	0.22	2.34	7566.72	2.67
SZ16-03	1.88	17.57	0.68	14.01	22.90	2.44	77.25	19.88	215.57	62.89	252.62	41.53	379.16	52.90	0.18	3.75	7609.12	2.78
SZ16-04	0.50	19.00	0.56	7.68	12.36	1.70	54.74	16.28	181.20	52.72	218.94	36.66	334.10	44.46	0.20	8.66	8528.48	3.59
SZ16-05	1.55	12.37	1.07	13.71	18.54	3.03	76.10	19.62	211.32	61.88	248.70	40.20	372.46	54.42	0.25	2.32	7474.70	1.82
SZ16-06	1.55	12.37	1.07	13.70	18.53	3.03	76.06	19.60	211.06	61.80	248.54	40.17	372.04	54.34	0.25	2.32	7462.51	1.81
SZ16-07	1.34	11.80	1.00	13.39	18.60	3.04	77.09	19.75	212.89	62.52	251.24	40.44	375.14	54.93	0.24	2.47	7425.06	1.85
SZ16-08	1.26	11.73	0.98	13.38	18.72	3.02	78.02	19.88	214.69	63.27	253.31	40.78	377.07	55.43	0.24	2.55	7366.85	1.87
SZ16-09	0.86	10.80	0.88	12.85	18.85	3.06	79.28	20.16	217.98	64.07	256.61	41.16	380.74	55.94	0.24	3.00	7359.99	1.87
SZ16-10	3.81	19.94	1.49	13.16	13.76	2.05	55.41	14.71	159.69	47.79	197.20	32.11	288.46	43.64	0.23	2.03	7367.60	2.58
SZ16-11	3.33	18.68	1.37	12.92	14.50	2.10	57.86	15.48	167.37	50.33	205.62	33.56	301.68	45.57	0.22	2.12	7488.20	2.62
SZ16-12	0.47	11.80	1.57	8.46	29.72	2.57	77.00	18.90	198.36	58.46	237.46	39.27	348.67	50.10	0.16	3.32	7584.71	2.97
SZ16-13	0.60	8.82	0.42	7.71	13.64	1.82	58.06	15.76	170.03	50.83	205.08	33.67	300.61	44.07	0.20	4.29	7029.19	1.72
SZ16-14	0.54	14.93	0.51	6.71	10.51	1.56	47.63	14.28	156.79	47.66	197.56	33.25	295.43	41.60	0.21	6.93	7668.03	3.41
SZ16-15	1.94	11.81	1.14	13.93	18.50	2.88	78.12	20.58	216.43	65.39	259.13	42.88	381.25	57.95	0.23	1.92	7847.60	1.91
SZ16-16	1.37	10.49	0.95	12.87	18.23	2.86	78.22	20.61	216.71	65.65	259.80	43.05	382.86	58.10	0.23	2.22	7868.78	1.90
SZ16-17	1.14	9.99	0.87	12.61	18.23	2.85	78.15	20.70	217.39	65.95	260.62	43.25	382.98	58.50	0.23	2.42	7880.22	1.91
SZ16-18	1.94	11.58	1.13	13.86	18.51	2.86	78.52	20.78	217.58	66.06	261.16	43.37	383.08	58.63	0.23	1.89	7915.49	1.92
SZ16-19	1.61	10.84	1.05	13.40	18.41	2.86	78.51	20.85	218.07	66.34	261.68	43.52	384.03	58.82	0.23	2.02	742.50	1.92

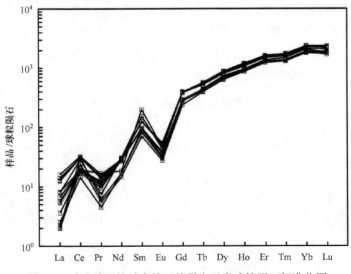

图 6.2　晴隆沙子钪矿中锆石的稀土元素球粒陨石标准化图

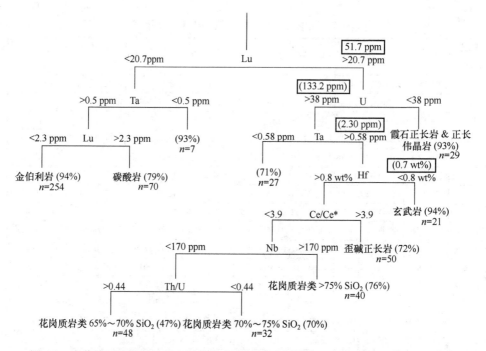

图 6.3　岩浆锆石和微量元素含量统计分析树形区分图解（Belousova，et al，2002）

方框内带括号的数字为晴隆沙子钪矿中锆石微量元素数据

6.2.2　晴隆沙子钪矿床中锆石的 U–Pb 年龄

自然界中的铅（Pb）有 4 种稳定同位素，它们的丰度（单位为%）分别是：^{204}Pb1.4，^{206}Pb24.1，^{207}Pb22.1，^{208}Pb52.4。其中，^{204}Pb 是非放射成因的；其他 3 种可由 ^{238}U、^{235}U 和 ^{232}Th 3 种天然放射性同位素经过一系列 α、β 衰变形成。这 3 个衰变系列可分别用如下简式来表示：

$$^{238}U \rightarrow 8\alpha + 6\beta^- + {}^{206}Pb \tag{6.1}$$

$$^{235}U \rightarrow 7\alpha + 4\beta^- + {}^{207}Pb \tag{6.2}$$

$$^{232}Th \rightarrow 6\alpha + 4\beta^- + {}^{208}Pb \tag{6.3}$$

在地质历史中，当上述放射系列建立起长期的平衡时，就可以把 U 和 Th 同位素的衰变看成直接转化为相应的 Pb 同位素，根据衰变规律，可获得如下公式：

$$^{206}Pb = {}^{206}Pb_0 + {}^{238}U(e^{\lambda_{238}t} - 1) \tag{6.4}$$

$$^{207}\text{Pb} =^{207}\text{Pb}_0 +^{235}\text{U}(e^{\lambda 235 t} -1) \tag{6.5}$$

$$^{208}\text{Pb} =^{208}\text{Pb}_0 +^{232}\text{Th}(e^{\lambda 232 t} -1) \tag{6.6}$$

将式（6.4）～式（6.6）等号两边同时除以 ^{204}Pb，可得：

$$\frac{^{206}\text{Pb}}{^{204}\text{Pb}} = \left(\frac{^{206}\text{Pb}}{^{204}\text{Pb}}\right)_0 + \frac{^{238}\text{U}}{^{204}\text{Pb}}(e^{\lambda 238 t} -1) \tag{6.7}$$

$$\frac{^{207}\text{Pb}}{^{204}\text{Pb}} = \left(\frac{^{207}\text{Pb}}{^{204}\text{Pb}}\right)_0 + \frac{^{235}\text{U}}{^{204}\text{Pb}}(e^{\lambda 235 t} -1) \tag{6.8}$$

$$\frac{^{208}\text{Pb}}{^{204}\text{Pb}} = \left(\frac{^{208}\text{Pb}}{^{204}\text{Pb}}\right)_0 + \frac{^{232}\text{Th}}{^{204}\text{Pb}}(e^{\lambda 232 t} -1) \tag{6.9}$$

求解式（6.7）～式（6.9）中的 t，可以分别得到 $^{206}\text{Pb}/^{238}\text{U}$、$^{207}\text{Pb}/^{235}\text{U}$、$^{208}\text{Pb}/^{232}\text{Th}$ 的年龄：

$$t_{206} = \frac{1}{\lambda_{238}} \ln\left[\frac{(^{206}\text{Pb}/^{204}\text{Pb} - (^{206}\text{Pb}/^{204}\text{Pb})_0)}{^{238}\text{U}/^{204}\text{Pb}} +1\right] \tag{6.10}$$

$$t_{207} = \frac{1}{\lambda_{235}} \ln\left[\frac{(^{207}\text{Pb}/^{204}\text{Pb} - (^{207}\text{Pb}/^{204}\text{Pb})_0)}{^{235}\text{U}/^{204}\text{Pb}} +1\right] \tag{6.11}$$

$$t_{208} = \frac{1}{\lambda_{232}} \ln\left[\frac{(^{208}\text{Pb}/^{204}\text{Pb} - (^{208}\text{Pb}/^{204}\text{Pb})_0)}{^{232}\text{Th}/^{204}\text{Pb}} +1\right] \tag{6.12}$$

将式（6.8）除以式（6.7），并利用正常 U 现今比值 $^{235}\text{U}/^{238}\text{U}=1/137.88$，可获得 $^{207}\text{Pb}/^{206}\text{Pb}$ 的年龄，其方程式为：

$$\frac{^{207}\text{Pb}/^{204}\text{Pb} - (^{207}\text{Pb}/^{204}\text{Pb})_0}{^{206}\text{Pb}/^{204}\text{Pb} - (^{206}\text{Pb}/^{204}\text{Pb})_0} \frac{1}{137.88}\left(\frac{e^{\lambda 235 t} -1}{e^{\lambda 238 t} -1}\right) \tag{6.13}$$

式中，$^{206}\text{Pb}/^{204}\text{Pb}$、$^{207}\text{Pb}/^{204}\text{Pb}$、$^{208}\text{Pb}/^{204}\text{Pb}$ 为样品中现今的 Pb 同位素比值，$(^{206}\text{Pb}/^{204}\text{Pb})_0$、$(^{207}\text{Pb}/^{204}\text{Pb})_0$、$(^{208}\text{Pb}/^{204}\text{Pb})_0$ 为样品形成时混入的普通 Pb 同位素比值，$^{238}\text{U}/^{204}\text{Pb}$、$^{235}\text{U}/^{204}\text{Pb}$、$^{232}\text{Th}/^{204}\text{Pb}$ 为现今样品中相应的同位素比值，λ_{238}、λ_{235}、λ_{232} 分别为 ^{238}U、^{235}U 及 ^{232}Th 的衰变常数，t 为岩石或矿物形成以来所经历的时间。

作为岩石中最稳定的矿物之一，锆石富含 U 和 Th、低普通 Pb 及非常高的同位素封闭温度，使锆石成为 U-Pb 定年的理想工具。尽管根据上述同位素衰变规律，我们可以获得 3 组锆石 U-Pb 年龄：$^{206}Pb/^{238}U$、$^{207}Pb/^{235}U$ 和 $^{207}Pb/^{206}Pb$，但是考虑自然界中 ^{238}U 和 ^{235}U 的半衰期及其丰度存在差异，锆石中放射成因 ^{207}Pb 的丰度比放射成因 ^{206}Pb 的丰度约低 20 倍，使 ^{207}Pb 的测量精度较差，往往导致 $^{207}Pb/^{235}U$ 和 $^{207}Pb/^{206}Pb$ 年龄不能反映岩体形成的真实年龄。因此，对于放射成因组分积累较少的年轻锆石来说，一般采用 $^{206}Pb/^{238}U$ 年龄代表锆石的形成年龄；而对于放射成因组分积累较多的锆石（如前寒武纪锆石），则一般采用 $^{207}Pb/^{206}Pb$ 年龄较为合适（Composton，et al，1992）。

如图 6.4 所示，晴隆沙子铊矿中锆石的 $^{206}Pb/^{238}U$ 的年龄变化在 254～265Ma 之间，$^{206}Pb/^{238}U$ 加权平均年龄为（259.1±1.7）Ma，该年龄可代表锆石的结晶年龄。晴隆沙子锆石 U-Pb 年龄比较单一，暗示提供碎屑物质的来源比较单一。

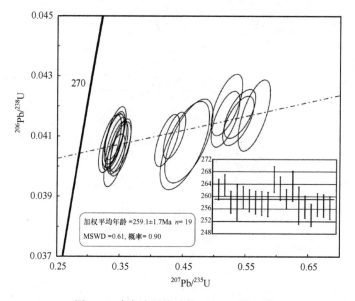

图 6.4　晴隆沙子铊矿锆石 U-Pb 谐和图

位于中国西南云贵川三省的 ELIP 是中国唯一被国际地学界承认的大火成岩省，受到国内外学者的广泛关注。峨眉山玄武岩覆盖在茅口组灰岩之上，被吴家坪阶的宣威组或龙潭组覆盖。学术界对于 ELIP 的主喷发期，仍然还存在不少争议。范蔚茗等人（2004）认为，ELIP 的大规模火山作用发生在 253～256Ma，其中，251～253Ma 的中酸性岩浆岩代表该火成岩事件的晚期产物。He 等人（2007）指出，峨眉山玄武岩的主喷发期应该在 259～260Ma。Shellnutt 等人（2008）认为，峨眉山玄武岩的持续时间可能大于 18Ma，其中，260Ma 左右代表地幔柱活动时间，252Ma 可能是镁铁质岩浆的侵入作用时期，而晚期的 242Ma 则是华南和华北克拉通碰撞后松弛阶段的产物。朱江等人（2011）对 ELIP 东部贵州盘县峨眉山玄武岩系顶部近 100m 厚凝灰岩层进行了 LA-ICP-MS 锆石 U-Pb 定年，结果为 (251.0±1.0) Ma。他们认为该结果代表 ELIP 火山作用喷发结束的时间，该年龄与华南地区的 P-T 分界线年龄基本相同，同时还与西伯利亚大火成岩省喷发的主体时间一致。徐义刚等人（2013）利用更高精度的年代学技术（ID-TIMS）进行玄武岩年龄测定。结果表明，采自石译大理江尾县峨眉山玄武岩顶部的酸性火山岩夹层、贵州威宁县和四川广元朝天剖面的界线黏土岩，锆石 U-Pb 定年给出的年龄为分别为 (258.9±0.5) Ma、(258.1±0.6) Ma 和 (258.6±1.4) Ma。有关基性超基性、花岗岩侵入体所获得的高精度 ID-TIMS 数据 258～259 Ma，表明峨眉山玄武岩喷发时代为 258～259Ma，持续时间小于 1Ma。Zhong 等人（2014）通过 CA-TIMS 得到 ELIP 剖面顶层酸性岩的锆石 U-Pb 年龄为 (259.1±0.5) Ma，并且将这个年龄作为 ELIP 岩浆活动结束的时间。

与 ELIP 有关的矿床主要有两种，一种是小型超基性火山岩型 Cu-Ni-PGE 硫化物矿床，另一种是大型基性层状侵入岩型 Fe-Ti-V 氧化物矿床。前者被认为是峨眉山大陆玄武岩的通道（Song, et al, 2003），而后者被认为是不相容的氧化物流体中富钒钛化物在后期分离堆积形成的（Zhou, et al, 2005）。Fe-Ti-V 氧化物矿床主要分布于攀西地区的层状镁铁质超镁铁质杂岩带，其中，攀枝花、白马、红格和太和矿区规模最大。峨眉山岩浆矿床锆石 U-Pb 年龄结果表明，攀枝花、白马、红格和太和氧化物矿床成矿岩体年龄分别为 (263±3) Ma、(262±2) Ma、(593.1±1.3) Ma 和 (258±1.9) Ma（Zhong, et al, 2006），其形成时代基本相同，与峨眉山玄武岩的形成年龄一致（He, et al, 2007）。

根据 Bryan 和 Ernst（2008）的定义：大火成岩省是面积超过 $1×10^5km^2$，体积超过 $1×10^5km^3$，最长喷发时代可达 50Ma，但主要的岩浆（超过 75%）喷发在 1～5Ma 完成的岩浆省。大火成岩省的一个显著特点是，巨量岩浆在短时间内喷发，如图 6.5 所示，ELIP 的主喷发期应该约为 259Ma。晴隆沙子钪矿床中锆石 U-Pb 年龄比较均一，暗示其物源比较单一，U-Pb 年龄与大规模玄武岩形成年龄基本一致，而且锆石形态表明，它没有经过长距离搬运，因此，晴隆沙子钪矿床的母岩很可能与峨眉山玄武岩有关（见表 6.3）。

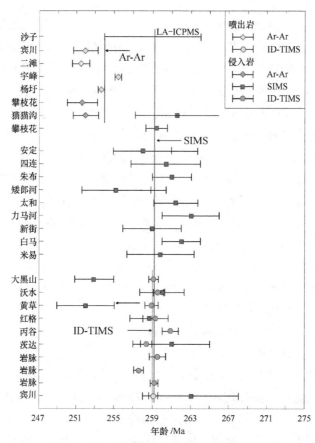

图 6.5　ELIP 代表性侵入岩和喷出岩的年龄

年龄数据来自：Fan，et al，2004；He，et al，2007；Lo，et al，2002；Luo，et al，2007；Shellnutt，et al，2012；
Shellnutt and Zhou，2007；Xu，et al，2008；Zhong and Zhu，2006；Zhong，et al，2007；Zhong，et al，2014

表 6.3　晴隆沙子钪矿中锆石的 U-Pb 年龄

样品号	Pb	Th	U	$^{207}Pb/^{206}Pb$		$^{207}Pb/^{235}U$		$^{206}Pb/^{238}U$		$^{207}Pb/^{206}Pb$		$^{207}Pb/^{235}U$		$^{206}Pb/^{238}U$	
	$(\times10^{-6})$	$(\times10^{-6})$	$(\times10^{-6})$	比值	1σ	比值	1σ	比值	1σ	年龄/Ma	1σ	年龄/Ma	1σ	年龄/Ma	1σ
SZ16-01	10.70	142.79	158.33	0.0942	0.0030	0.5381	0.0164	0.0415	0.0005	1522.2	60.3	437.1	10.9	262.2	3.4
SZ16-02	10.72	143.19	157.00	0.0941	0.0030	0.5404	0.0166	0.0418	0.0005	1510.8	60.0	438.7	11.0	263.7	3.3
SZ16-03	10.13	130.84	174.35	0.0754	0.0022	0.4248	0.0127	0.0409	0.0006	1079.6	59.3	359.5	9.1	258.2	3.5
SZ16-04	10.36	134.81	173.57	0.0816	0.0040	0.4593	0.0252	0.0408	0.0009	1235.2	96.6	383.8	17.5	258.1	5.7
SZ16-05	7.32	92.58	126.72	0.0608	0.0019	0.3433	0.0109	0.0411	0.0006	631.5	66.7	299.6	8.3	259.6	3.6
SZ16-06	7.33	92.45	126.53	0.0607	0.0019	0.3417	0.0108	0.0409	0.0006	627.8	66.7	298.5	8.2	258.7	3.6

（续表）

样品号	Pb ($\times10^{-6}$)	Th ($\times10^{-6}$)	U ($\times10^{-6}$)	$^{207}Pb/^{206}Pb$ 比值	1σ	$^{207}Pb/^{235}U$ 比值	1σ	$^{206}Pb/^{238}U$ 比值	1σ	$^{207}Pb/^{206}Pb$ 年龄/Ma	1σ	$^{207}Pb/^{235}U$ 年龄/Ma	1σ	$^{206}Pb/^{238}U$ 年龄/Ma	1σ
SZ16-07	7.45	94.46	128.12	0.0605	0.0019	0.3398	0.0111	0.0408	0.0006	620.4	68.5	297.0	8.4	258.1	3.7
SZ16-08	7.59	96.39	129.53	0.0606	0.0020	0.3397	0.0115	0.0408	0.0006	633.4	70.4	296.9	8.7	257.8	3.8
SZ16-09	7.77	98.70	131.79	0.0597	0.0021	0.3345	0.0118	0.0407	0.0006	594.5	108.3	293.0	9.0	257.5	3.9
SZ16-10	10.34	135.06	143.43	0.0904	0.0030	0.5196	0.0165	0.0420	0.0007	1435.2	61.9	424.9	11.0	265.5	4.2
SZ16-12	10.07	133.97	161.82	0.0771	0.0021	0.4365	0.0116	0.0410	0.0005	1124.1	53.2	367.8	8.2	259.2	3.2
SZ16-13	6.73	70.56	97.20	0.1016	0.0038	0.5634	0.0169	0.0417	0.0008	1653.7	68.7	453.8	11.0	263.3	4.8
SZ16-14	11.33	110.57	134.50	0.0810	0.0042	0.4529	0.0258	0.0407	0.0010	1220.4	101.9	379.3	18.0	257.1	6.0
SZ16-15	6.32	94.46	110.23	0.0624	0.0020	0.3466	0.0109	0.0406	0.0006	687.1	68.5	302.2	8.2	256.6	3.6
SZ16-16	6.24	94.79	109.58	0.0621	0.0020	0.3417	0.0110	0.0402	0.0006	675.9	70.4	298.5	8.3	254.0	3.6
SZ16-17	6.24	95.37	109.01	0.0615	0.0019	0.3444	0.0111	0.0407	0.0006	657.4	68.5	300.5	8.4	257.4	3.7
SZ16-18	6.17	95.08	107.96	0.0631	0.0020	0.3515	0.0110	0.0407	0.0006	710.8	66.7	305.9	8.3	257.1	3.6
SZ16-19	6.11	95.27	107.26	0.0632	0.0020	0.3510	0.0111	0.0406	0.0006	722.2	70.4	305.5	8.3	256.4	3.7

6.3　Hf 同位素成矿指示特征

岩石或岩浆的同位素特征只受同位素衰变规律的控制，不受分异结晶作用的影响，同位素比值在分离结晶过程中不发生变化，因此由源区部分熔融形成的岩浆同位素比值代表其源区特征。在现今常用的各种同位素体系中，Lu-Hf 同位素在各种后期叠加的地质过程中表现得最为稳定，常用它们示踪源岩性质。在 Hf 同位素示踪研究中，锆石是一个非常重要的矿物，这是因为锆石具有较高的 Hf 含量，同时 Lu 的含量又极低，从而导致其 $^{176}Lu/^{177}Hf$ 具有非常低的比值。因此，锆石在形成后基本没有明显的放射性成因 Hf 的积累，所测定的 $^{176}Hf/^{177}Hf$ 比值基本代表了其形成时体系的 Hf 同位素组成。不仅如此，利用锆石 Hf 同位素示踪地质演化具有一系列优越性：第一，锆石是一个在大多数岩石中都存在，且极抗风化的矿物，即使是最古老的地壳，在经历后期多次事件后仍有保存，从而为全面、准确地认识特定地区地质事件序列提供了可能；第二，锆石具有很高的同位素体系封闭温度，甚至即使在麻粒岩相等高级变质条件下，锆石仍可保持原始的同位素组成；第三，锆石具有较高的 Hf 含量和极低的 Lu/Hf 比值，因而由年代不确定性引起的 $^{176}Hf/^{177}Hf$ 比值的误差较为有限。

初始 $^{176}Hf/^{177}Hf$ 比值是参照球粒陨石储库（CHUR）计算的锆石从岩浆中结晶

析出时的 $^{176}\text{Hf}/^{177}\text{Hf}$ 比值的。由于在整个地质时间 $^{176}\text{Hf}/^{177}\text{Hf}$ 比值变化很小，因此一般用初始比值相对 CHUR 演化线的万分偏差来表示 $[\varepsilon_{\text{Hf}}(t)]$，计算公式如下：

$$\varepsilon_{\text{Hf}}(t) = \left(\frac{(^{176}\text{Hf}/^{177}\text{Hf})_s - (^{176}\text{Lu}/^{177}\text{Hf})_s \times (e^{\lambda t} - 1)}{(^{176}\text{Hf}/^{177}\text{Hf})_{\text{CHUR.0}} - (^{176}\text{Lu}/^{177}\text{Hf})_{\text{CHUR}} \times (e^{\lambda t} - 1)} - 1 \right) \times 10000 \quad (6.14)$$

式中，$(^{176}\text{Lu}/^{177}\text{Hf})_s$ 和 $(^{176}\text{Hf}/^{177}\text{Hf})_s$ 为样品测定值，$(^{176}\text{Lu}/^{177}\text{Hf})_{\text{CHUR}}=0.0332$，$(^{176}\text{Hf}/^{177}\text{Hf})_{\text{CHUR}}=0.282772$；$t$ 为样品的形成时间，λ 为 Lu 的衰变常数 $1.867\times10^{-11}\text{year}^{-1}$。

$$(^{176}\text{Hf}/^{177}\text{Hf})_{\text{DM}}=0.0384, \quad (^{176}\text{Hf}/^{177}\text{Hf})_{\text{DM}}=0.28325$$

模式年龄是指亏损地幔部分熔融形成玄武质下地壳的年龄，单阶段模式年龄 (TDM1) 是相对现今亏损地幔($^{176}\text{Lu}/^{177}\text{Hf})_{\text{DM}}=0.0384$ 和 $(^{176}\text{Hf}/^{177}\text{Hf})_{\text{DM}}=0.28325$ 来计算的，二阶段模式年龄是根据地壳的 $^{176}\text{Lu}/^{177}\text{Hf}$ 比值将锆石初始 $^{176}\text{Hf}/^{177}\text{Hf}$ 比值推导回亏损地幔生长曲线所得到的年龄，若 $\varepsilon_{\text{Hf}}(t)$ 值偏离亏损地幔线(通常低于亏损地幔值)，这意味着锆石源区受到不同程度再循环地壳物质的混染，对于这种锆石石，二阶段模式年龄可以更好地估计地壳的形成时间。单阶段和二阶段模式年龄的计算公式为：

$$T_{\text{DM1}} = \frac{1}{\lambda} \ln \left[\frac{(^{176}\text{Hf}/^{177}\text{Hf})_s - (^{176}\text{Hf}/^{177}\text{Hf})_{\text{DM}}}{(^{176}\text{Lu}/^{177}\text{Hf})_s - (^{176}\text{Lu}/^{177}\text{Hf})_{\text{DM}}} + 1 \right] \quad (6.15)$$

$$T_{\text{DM2}} = T_{\text{DM1}} - (T_{\text{DM1}} - t) \times [(f_{\text{cc}} - f_s)/(f_{\text{cc}} - f_{\text{DM}})] \quad (6.16)$$

式中，$(^{176}\text{Lu}/^{177}\text{Hf})_s$ 和 $(^{176}\text{Hf}/^{177}\text{Hf})_s$ 为样品测定值，$(^{176}\text{Lu}/^{177}\text{Hf})_{\text{CHUR}}=0.0332$，$(^{176}\text{Hf}/^{177}\text{Hf})_{\text{CHUR}}=0.282772$；$(^{176}\text{Lu}/^{177}\text{Hf})_{\text{DM}}=0.0384$，$(^{176}\text{Hf}/^{177}\text{Hf})_{\text{DM}}=0.28325$。$f_{\text{cc}}$、$f_s$、$f_{\text{DM}}$ 分别为大陆地壳、样品和亏损地幔的 $f_{\text{Lu/Hf}}$，t 为样品的形成时间，λ 为 Lu 的衰变常数。本书计算锆石的TDM2采用平均地壳和亏损地幔的$f_{\text{Lu/Hf}}$值，分别为-0.55 和 0.16（Griffin, et al, 2000；2002）。

晴隆沙子锑矿中锆石的 $\varepsilon_{\text{Hf}}(t)$ 变化介于 $7.21\sim11.37$（见表 6.4），对应的二阶段模式年龄为 $797\sim532\text{Ma}$。如图 6.6 所示，晴隆沙子锑矿床中锆石 Hf 同位素组成与其他峨眉山玄武岩锆石 Hf 同位素组成基本相同，暗示它们具有相同的源区。

表 6.4   沙子锑矿床锆石中 Hf 同位素分析结果表

样品号	$^{176}\text{Yb}/^{177}\text{Hf}$	$^{176}\text{Lu}/^{177}\text{Hf}$	$^{176}\text{Hf}/^{177}\text{Hf}$		t/Ma	$\varepsilon_{\text{Hf}}(t)$	T_{DM}	T_{DM2}	$f_{\text{Lu/Hf}}$
	比值	比值	比值	1σ					
SZ-01	0.079955	0.001446	0.282891	0.000015	259.1	9.27	518	666	-0.96
SZ-02	0.060922	0.001147	0.282949	0.000014	259.1	11.37	431	532	-0.97
SZ-03	0.082305	0.00159	0.282904	0.000009	259.1	9.70	501	638	-0.95
SZ-04	0.074907	0.001458	0.282898	0.000017	259.1	9.51	508	650	-0.96

（续表）

样品号	$^{176}Yb/^{177}Hf$	$^{176}Lu/^{177}Hf$	$^{176}Hf/^{177}Hf$		t/Ma	$\varepsilon_{Hf}(t)$	T_{DM}	T_{DM2}	$f_{Lu/Hf}$
	比值	比值	比值	1σ					
SZ-05	0.067498	0.001376	0.282904	0.000011	259.1	9.74	498	636	−0.96
SZ-06	0.070171	0.001391	0.282926	0.000012	259.1	10.52	467	586	−0.96
SZ-07	0.100579	0.001910	0.282909	0.000018	259.1	9.82	498	630	−0.94
SZ-08	0.054456	0.001043	0.282908	0.000019	259.1	9.94	488	623	−0.97
SZ-09	0.102180	0.001924	0.282916	0.000008	259.1	10.07	488	615	−0.94
SZ-10	0.082027	0.001536	0.282929	0.000012	259.1	10.60	464	581	−0.95
SZ-11	0.088099	0.001686	0.282834	0.000018	259.1	7.21	603	797	−0.95
SZ-12	0.083454	0.001675	0.282905	0.000013	259.1	9.72	501	637	−0.95
SZ-13	0.073384	0.001367	0.282929	0.000015	259.1	10.63	462	579	−0.96
SZ-14	0.111053	0.002045	0.282904	0.0001018	259.1	9.62	507	643	−0.94
SZ-15	0.097460	0.001761	0.282912	0.0000180	259.1	9.96	492	622	−0.95

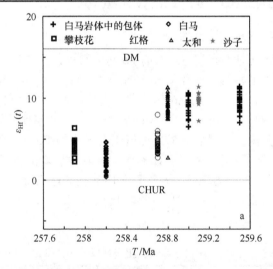

图 6.6　沙子铕矿床中锆石 Hf 同位素组成（Zhong，et al，2006；2011）

● 6.4　Fe 同位素成矿指示特征

　　同位素是指原子核内质子数相同而中子数不同的一类原子，它们位于元素周期表中的同一位置。铁（Fe）位于元素周期表第四周期第八副族，属于过渡族金属元素。Fe 有 4 个稳定同位素，分别为 ^{54}Fe（5.90%）、^{56}Fe（91.52%）、^{57}Fe（2.25%）

和 ^{58}Fe（0.33%），由于 ^{58}Fe 的丰度比较低，在研究中一般不对其进行分析。在同位素研究中，一般定义同位素比值 R 为某一元素重同位素丰度与轻同位素丰度的比值，如 ^{56}Fe/^{54}Fe 或 ^{57}Fe/^{54}Fe。然而在实际工作中，一方面质谱仪在分析过程中存在同位素分馏，另一方面同位素比值变化微小，使得 R 极难测准。所以，在同位素研究中，通常采用相对测量法，即将待测样品的同位素比值与标准物质的同位素比值进行比较。对于 Fe 同位素而言，目前常采用欧洲委员会参考物质及测量研究所提供的 IRMM-014 作为同位素标准。IRMM-014 的 Fe 同位素丰度如下：（5.845±0.023）%（^{54}Fe）、（91.754±0.024）%（^{56}Fe）、（2.1192±0.0065）%（^{57}Fe）、（0.2818±0.0027）%（^{58}Fe）（Taylor, et al, 1992）。在本书中，Fe 同位素的结果用相对国际标准样品 IRMM-014 的千分偏差表示：

$$\delta^{56}Fe=[(^{56}Fe/^{54}Fe)_s/(^{56}Fe/^{54}Fe)_s-1]\times1000 \qquad (6.17)$$

$$\delta^{57}Fe=[(^{57}Fe/^{54}Fe)_s/(^{57}Fe/^{54}Fe)_s-1]\times1000 \qquad (6.18)$$

6.4.1 不同地质储库的 Fe 同位素组成

1. 陨石和月岩的 Fe 同位素组成

Zhu 等人（2001）对不同类型陨石的 Fe 同位素进行了高精度测量，结果显示，δ^{56}Fe 值在一个较大的范围内变化（−0.80‰～0.63‰）。其中，球粒陨石的变化范围最大，其 δ^{56}Fe 值在−0.80‰～0.63‰之间；石陨石和不含球粒陨石的 δ^{56}Fe 值变化相对较小（−0.14‰～0.15‰），而铁陨石的 Fe 同位素比较均一，δ^{56}Fe 值在0.03‰～0.15‰的范围内（见表 6.5）。尽管陨石样品的 Fe 同位素变化范围较大，但在 Fe 元素的 3 个同位素图解中，所有的同位素数据均落在了斜率为 0.68 的质量分馏线上（见图 6.7）。这表明，在微行星的袭击和陨石球粒形成之前，太阳系的初始 Fe 同位素组成是均一的，现今观测到的太阳系成分变化是从同一个均一源区发生质量分馏的结果。

表 6.5　各类陨石中 Fe 同位素组成（据 Zhu, et al, 2001）

陨石类型	δ^{57}Fe/‰	δ^{56}Fe/‰	陨石类型	δ^{57}Fe/‰	δ^{56}Fe/‰
碳质球粒陨石	−0.88～0.93	−0.61～0.63	普通球粒陨石	−0.65～0.60	−0.46～0.43
顽辉球粒陨石	−1.10	−0.80	无球粒陨石	−0.21～0.25	−0.14～0.15
石铁陨石	−0.15～0.12	−0.11～0.07	铁陨石	0.04～0.20	0.03～0.15

Poitrason 等人（2004）对 14 个月球火成岩样品进行分析，Fe 同位素的平均值为 0.14‰。火星及其他小行星陨石样品同位素的成分非常相似，分别为 0.00‰和 0.02‰。Poitrason 等人（2004）认为地球和月球较火星等其他星球富集 Fe 的重

同位素，可能与地球和月球在形成早期发生的汽化作用导致 Fe 的动力分馏有关。

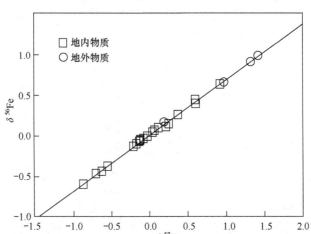

图 6.7　地外及地内物质的 Fe 同位素质量分馏图解（Zhu，et al，2001）

2. 地球岩石中 Fe 同位素组成

1）火成岩

火成岩具有几乎相同的 Fe 同位素组成，Zhu 等人（2002）测得地幔的橄榄岩及辉石包体中 δ^{56}Fe 值变化介于-0.15‰～0.08‰；Beard 等人（2003a）通过分析 46 个火成岩样品，包括超镁铁质岩石、玄武岩及硅质火成岩，获得了较为均一的 δ^{56}Fe 值（约 0.07‰）；Poitrasson 等人（2004）对来自地幔的 13 个不同岩石样品，进行了 Fe 同位素分析，发现 δ^{56}Fe 值变化介于 0.00‰～0.11‰。

2）沉积岩

岩石风化产物和陆源沉积物等 δ^{56}Fe 值与火成岩大体类似，暗示风化、搬运、沉积和成岩作用不是导致 Fe 发生较大分馏的因素（Beard and Johnson，2004）。化学沉积岩包括条带状含铁建造、碳酸盐、铁锰结核和结壳等。在铁锰结壳中 Fe 同位素比火成岩及碎屑沉积岩的变化范围大，δ^{56}Fe 的变化范围为-0.8‰～0.13‰。Zhu 等人（2001）率先研究了北大西洋 Fe-Mn 结壳中的 Fe 同位素变化，δ^{56}Fe 变化范围为-0.77‰～0.13‰，显示自 6Ma 以来，Fe-Mn 结壳中 Fe 同位素与 Pb 同位素变化密切相关，提出海水中 Fe 同位素的变化主要反映大西洋周围地区输入源随时间的变化规律。Levasseur 等人（2004）研究了全球范围 37 个 Fe-Mn 结壳样品的 Fe 同位素组成，发现 δ^{56}Fe 总的变化范围为-0.79‰～0.05‰，Fe 同位素的组成不仅受物源的影响，而且受周围环境的影响。Chu 等人（2006）研究了太平洋 Fe-Mn 结壳的 Fe 同位素变化，δ^{56}Fe 变化范围为-0.81‰～-0.32‰，指出小于 100km 的

Fe-Mn 结壳同位素组成是不同的，并且认为 Fe-Mn 结壳中的 Fe 有 3 个主要的物源，即热液流体中的 Fe、河流中的溶解 Fe 和大陆架沉淀中的孔隙水。图 6.8 中总结了不同地质储库中 Fe 的同位素组成。

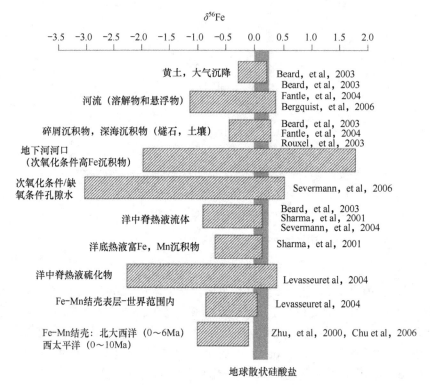

图 6.8　不同地质储库的 Fe 同位素组成（Anbar and Rouxel，2007）

6.4.2　Fe 同位素分馏机理

在自然界重，分馏系数 α 是指两种矿物或两个不同相之间的同位素比值之商，其计算公式为：$\alpha_{A-B}=R_A/R_B$，式中 R_A 和 R_B 分别为两种物质的同位素比值，如 $^{56}Fe/^{54}Fe$。考虑到同位素比值较难测准，根据式（6.16），可以将 R 值用 δ 值表示：

$$(^{56}Fe/^{54}Fe)_A=(1000+\delta^{56}Fe_A)/(^{56}Fe/^{54}Fe)_{标样} \tag{6.19}$$

$$(^{56}Fe/^{54}Fe)_B=(1000+\delta^{56}Fe_B)/(^{56}Fe/^{54}Fe)_{标样} \tag{6.20}$$

利用式（6.19）和式（6.20），可知分馏系数 $\alpha_{A-B}=(1000+\delta^{56}Fe_A)/(1000+\delta^{56}Fe_B)$。为了简化同位素数据处理，我们可以用简化分馏系数 $10^3\ln\alpha_{A-B}$ 来表示同位素分馏程度，其值可以近似地用两种物质同位素组成的差值（Δ_{A-B}）表示：$10^3\ln\alpha_{A-B}\approx\Delta_{A-B}=\delta_A-\delta_B$，实验研究表明，在有地质意义的温度范围内，大多数矿物对体系或矿物-水体系中，$10^3 \ln\alpha$ 的数值与温度 T^2 成反比。

1. Fe(III)$_{aq}$ 沉淀过程中产生的 Fe 同位素分馏

Fe(III)$_{aq}$ 水解是表生环境中一个常见的过程，在 Fe 的地球化学循环中起着非常重要的作用。Skulan 等人（2002）研究了在 98℃时，酸性的 Fe(III)$_{aq}$ 水解生成赤铁矿的过程中，Fe 同位素发生分馏的情况。结果发现沉淀速率越大，同位素分馏越大，所以 skulan 等人（2002）认为分馏是动力效应的结果。沉淀与溶液间的同位素动力分馏系数为 $10^3 \ln\alpha$ $_{赤铁矿-Fe(III)aq}$ =（-1.32 ± 0.12）‰。动力分馏随着沉淀速率的减小而减小，如果这种关系外推到沉淀速率为 0 时的情况，可以得出 $10^3 \ln\alpha$ $_{赤铁矿-Fe(III)aq}$ =(-0.10 ± 0.20)‰，Skulan 等人（2002）认为这个值比较接近平衡分馏。李津（2008）通过试验获得了沉淀物与 Fe(III)$_{aq}$ 之间 Fe 同位素分馏系数与温度的关系：$10^3 \ln\alpha$ $_{沉淀物-Fe(III)aq}$ =$-0.17\times10^6/T^2+0.91$。Clayton 等人（2005）研究了针铁矿形成过程中 Fe 同位素的分馏，其试验过程为：在 Fe(NO$_3$)$_3$ 溶液中加入 KOH 生成六方针铁矿，而后将六方针铁矿转化为针铁矿。试验结果表明：在 Fe(III)$_{aq}$ 转化为六方针铁矿的过程中，没有发生同位素分馏；而六方针铁矿转化为针铁矿过程中，发生了 Fe 同位素分馏，六方针铁矿和针铁矿混合物与 Fe(III)$_{aq}$ 之间的 Δ^{56}Fe $_{针铁矿-Fe(III)aq}$ 从 -0.03‰增加到-0.30‰，预计完全转化的话，Δ^{56}Fe $_{针铁矿-Fe(III)aq}$ =-0.52‰。Clayton 等人（2005）认为这是无生物动力分馏的结果。Balci 等人（2006）在室温下，研究了 pH 值为 2.2～3.5 条件下，Fe(III)$_{aq}$ 沉淀时 Fe 同位素分馏情况，当溶液中的 Fe(III)$_{aq}$ 与沉淀物之间 Fe 同位素达到平衡时，Δ^{56}Fe $_{沉淀物-Fe(III)aq}$ 的值介于-1.00‰～-0.50‰。

2. Fe(II)$_{aq}$ 沉淀过程的 Fe 同位素分馏

含铁碳酸盐（如菱铁矿、铁白云石）在沉积岩中一种非常常见的矿物，理论预测，在常温条件下，Fe 同位素在菱铁矿与 Fe(II)$_{aq}$ 之间在分馏约为 2.00‰（Polyakov，1997；Polyakov，et al，2000；Schauble，et al，2001）。Wielsi 等人（2004）研究了 20℃条件下，Fe(II)$_{aq}$ 形成菱铁矿时，Fe 同位素的分馏情况，试验结果表明，在快速沉淀菱铁矿的试验中，Fe 同位素没有发生分馏，而在缓慢沉淀菱铁矿的试验中，Fe 同位素在菱铁矿和 Fe(II)$_{aq}$ 之间的分馏符合瑞利分馏，Δ^{56}Fe $_{菱铁矿-Fe(II)aq}$ =-0.48‰。Johnson 等人（2005）在 22℃下研究异化还原速率很低、介质是重碳酸盐缓冲剂时形成菱铁矿的过程中发生的同位素分馏。结果没有发现菱铁矿与 Fe(II)$_{aq}$ 之间存在 Fe 同位素差异。然而，在部分 Fe 被 Ca 替代的情况下，生成物 Ca$_{0.15}$Fe$_{0.85}$CO$_3$ 与 Fe(II)$_{aq}$ 之间的 Δ^{56}Fe $_{菱铁矿-Fe(II)aq}$ =-0.90‰。产生这种情况的原因可能是 Ca 进入晶体后键能发生了变化，晶格发生了变形。

Johnson 等人（2005）在 22℃下研究了生物存在时形成磁铁矿过程中导致的

同位素分馏。磁铁矿与 Fe(II)$_{aq}$ 之间的同位素分馏是 1.30‰，他们认为该数值反映了在试验温度下生物还原体系中磁铁矿与 Fe(II)$_{aq}$ 之间的 Fe 同位素平衡分馏。Frierdich 等人（2014）获得了磁铁矿与 Fe(II)$_{aq}$ 之间 Fe 同位素的分馏系数：$10^3\ln\alpha_{Fe(II)aq-磁铁矿}=(-0.145\pm0.002)\times10^6/T^2+(0.10\pm0.02)$。

3. 溶解过程中产生的 Fe 同位素分馏

已有的实验表明，在用无机酸溶解不同类型的 Fe 的氧化物如镜铁矿、磁铁矿和针铁矿的过程中，均没有发现 Fe$_{aq}$ 与矿物之间存在 Fe 同位素分馏（Johnson，et al，2005；Skulan，et al，2002；Wiederhold，et al，2006）。

Brantley 等人（2001）研究发现土壤中可交换 Fe 同位素组成比土壤中角闪石的 Fe 同位素组成 $^{56}Fe/^{54}Fe$ 轻 0.60‰，他们认为可交换 Fe 同位素组成与溶液中的相似，暗示土壤中的溶液更富集轻同位素。Brantley 等人（2004）通过实验研究了 20~25℃条件下芽孢杆菌存在时角闪石和针铁矿溶解的过程中，Fe 同位素组成的变化情况，结果发现在矿物-溶液体系中均存在同位素分馏情况，$\Delta^{56}Fe_{矿物-Fe(II)aq}$ 的值分别为 0.56‰（角闪石）和 1.44‰（针铁矿）。在相对高温条件下（130℃），Chapman 等人（2009）调查了花岗岩和玄武岩与酸溶液反应过程中，Fe 同位素组成变化情况，结果表明，溶液可高度富集轻同位素，$\Delta^{56}Fe_{solution-rock}$ 值可达到-1.80‰。这一结果进一步得到了 Kiczka 等人（2010）的证实，Kiczha 等人（2010）发现与黑云母和绿泥石富集的花岗岩反应后的酸性溶液，可富集 Fe 的轻同位素，分馏系数 $\Delta^{56}Fe_{solution-rock}$ 最大值可达到-1.40‰。

4. 氧化过程产生的分馏

Bullen 等人（2001）分别在野外和实验室环境下，研究了无生物条件下 Fe(II)$_{aq}$ 氧化成六方针铁矿过程中 Fe 同位素分馏，野外调查表明，当富 Fe(II)的地下泉水从源头流到下游的过程中与河水混合被氧化成六方针铁矿，沉淀下来，分别测试六方针铁矿和水体中的 Fe 同位素后，发现 Fe 同位素在六方针铁矿和水体之间发生了明显的分馏，$\Delta^{56}Fe_{六方针铁矿-Fe(II)aq}$ 约为 0.90‰。而试验获得的分馏系数，与野外观测基本一致，$\Delta^{56}Fe_{六方针铁矿-Fe(II)aq}=1.00‰$。Bullen 等人（2001）认为可能的机理是重同位素先形成了易于氧化成六方针铁矿的 $Fe(II)(OH)_{x(aq)}$ 离子团，Fe(II)与针铁矿之间的分馏代表了 Fe(II)离子、$Fe(II)(OH)_{x(aq)}$ 离子团及针铁矿三者之间的分馏。六方针铁矿与 Fe(II)之间的分馏可能是两个过程的叠加——Fe(II)氧化成 Fe(III)和 Fe(III)形成针铁矿沉淀。

Johnson 等人（2002）和 Welech 等人（2003）随后在 0℃和 22℃下做了更详细的试验以确定 Fe(II)$_{aq}$ 和 Fe(III)$_{aq}$ 之间的平衡分馏。Johnson 等人（2002）发现，在 22℃时，溶液中二价铁和三价铁之间的分馏系数为 $\Delta^{56}Fe_{(III)aq-(II)aq}=2.75‰$。在同

样的温度下，Welech 等人（2003）获得 $\Delta^{56}Fe_{(III)aq-(II)aq}$ 为 3.00‰，而在 0℃时 $\Delta^{56}Fe_{(III)aq-(II)aq}$ 为 3.57‰，进而得出 Fe(III)$_{aq}$ 与 Fe(II)$_{aq}$ 之间的平衡分馏与温度间的关系是：$10^3\ln\alpha_{Fe(III)-Fe(II)}=（0.334\pm0.032）\times10^6/T^2-0.88\pm0.38$。Balci 等人（2006）在无氧化条件下，通过加入 1mol/L NaOH 调节 pH 值到 5，使得 Fe(III)$_{aq}$ 快速沉淀，通过对 Fe 同位素组成的分析，获得 $\Delta^{56}Fe_{(III)aq-(II)aq}=3.4‰$。Anbar 等人（2005）使用密度函数理论预测的 Fe(II)与 Fe(III)，在 22℃时的平衡分馏是 −3.00‰，与分馏实验结果非常符合。

5. 晴隆沙子钪矿磁铁矿 Fe 同位素组成

在本次研究中，我们对来自碳酸盐岩、玄武岩、蚀变玄武岩及红土中磁铁矿进行了 Fe 同位素组成分析（见表 6.6），结果显示，碳酸盐中的磁铁矿的 δ^{56}Fe 为 0.13‰，新鲜玄武岩中磁铁矿的 δ^{56}Fe 变化在 0.23‰～0.29‰，蚀变玄武岩和红土中的磁铁矿相对富集轻同位素，其 δ^{56}Fe 的变化范围分别在 0.02‰～0.07‰ 和 −0.09‰～0.03‰。

表 6.6　晴隆沙子钪矿不同相中磁铁矿 Fe 同位素组成

岩石类型	样品号	δ^{57}Fe		δ^{56}Fe		化学成分	
		比值	2SD	比值	2SD	CAI	TFe$_2$O$_3$
灰岩	2-008	0.16	0.03	0.13	0.05	0.43	0.25
枕状玄武岩	T-002	0.32	0.06	0.23	0.07	47.19	15.51
	T-003	0.42	0.07	0.29	0.06	47.20	15.41
风化玄武岩	2-002	0.05	0.12	0.02	0.07	86.24	15.12
	2-004	0.13	0.10	0.07	0.05	75.52	14.60
红土	2-011	−0.07	0.09	−0.04	0.05	95.93	23.53
	2-012	−0.03	0.10	−0.02	0.05	97.17	23.59
	3-003	−0.10	0.12	−0.09	0.06	96.15	28.95
	3-004	0.02	0.09	0.03	0.07	98.00	24.46

如图 6.9 所示，在 Fe 元素三同位素图解中，所有样品的 Fe 同位素数据均落在了斜率为 0.70 的直线上，此斜率与质量分馏线斜率（0.68）非常接近，暗示磁铁矿中 Fe 同位素组成主要是平衡质量分馏的结果。

根据本次获得磁铁矿中 Fe 同位素的组成，通过计算，我们可间接获得茅口组碳酸盐岩的 Fe 同位素组成。根据如下两式：

$$\Delta^{56}Fe_{(II)aq-碳酸盐}=\delta^{56}Fe_{(II)aq}-\delta^{56}Fe_{碳酸盐} \tag{6.21}$$

$$\Delta^{56}Fe_{(II)aq-磁铁矿}=\delta^{56}Fe_{(II)aq}-\delta^{56}Fe_{磁铁矿} \tag{6.22}$$

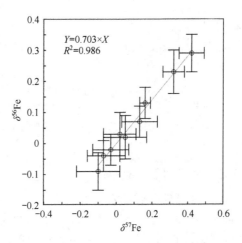

图 6.9 Fe 元素三同位素图解

我们可以获得平衡分馏条件下，磁铁矿与碳酸盐之间 Fe 同位素组成变化的关系为：

$$\delta^{56}\text{Fe}_{\text{碳酸盐}} = \delta^{56}\text{Fe}_{\text{磁铁矿}} + \varDelta^{56}\text{Fe}_{(\text{II})\text{aq-磁铁矿}} - \varDelta^{56}\text{Fe}_{(\text{II})\text{aq-碳酸盐}} \qquad (6.23)$$

从溶液中结晶出磁铁矿时，溶液中 $\text{Fe}_{(\text{II})\text{aq}}$ 和磁铁矿之间的 Fe 同位素分馏程度可以用 $\varDelta^{56}\text{Fe}_{(\text{II})\text{aq-磁铁矿}} = (-0.145\times10^{6})/T^{2}+0.1$ 表示（Frierdich，et al，2014）。在 22℃时，此值为 -1.60‰；同样在 22℃时，当溶液中 $\text{Fe}_{(\text{II})\text{aq}}$ 与碳酸盐矿物（如菱铁矿）平衡时，$\varDelta^{56}\text{Fe}_{(\text{II})\text{aq-碳酸盐}}$ 的值为 0.48‰（Johnson，et al，2005）。茅口组中磁铁矿 $\delta^{56}\text{Fe}_{\text{磁铁矿}}$ 为 0.13‰，从而计算获得的 $\delta^{56}\text{Fe}_{\text{碳酸盐}}$ 值应该为 -1.95‰，如果成岩温度更高，磁铁矿与溶液中 $\text{Fe}_{(\text{II})\text{aq}}$ 之间的分馏程度会降低，如在 50℃时，$\varDelta^{56}\text{Fe}_{(\text{II})\text{aq-磁铁矿}}$ 为 -1.30‰，从而轻同位素在碳酸盐岩中的轻同位素富集程度会降低，获得的 $\delta^{56}\text{Fe}_{\text{碳酸盐}}$ 为 -1.65‰，但碳酸盐仍然以富集轻同位素为特征。前人研究表明，碳酸盐岩中的 Fe 同位素组成变化较大，含钙质碳酸盐岩的 $\delta^{56}\text{Fe}$ 值在 -2.06‰～0.02‰（Dideriksen，et al，2006；Blanckenburg，et al，2008），从同位素组成来看，碳酸盐岩均以富集轻同位素为特征，这与本次研究获得的结论是一致的。

Chen 等人（2014）测试了攀枝花市白马镇的基性层状侵入岩的全岩及磁铁矿、钛铁矿、橄榄石及单斜辉石中 Fe 同位素组成，其中磁铁矿中 $\delta^{56}\text{Fe}$ 变化介于 0.10‰～0.36‰，平均为 0.23‰，与我们本次获得的新鲜玄武岩中磁铁矿 Fe 同位素组成基本相同。

在前面章节中，从锆石形态、年龄、微量元素特征、Hf 同位素及全岩稀土元素特征推断，晴隆沙子铊矿的原岩比较单一，主要来源为峨眉山玄武岩。如果将蚀变玄武岩作为玄武岩蚀变成红土的中间产物，如图 6.10 所示，与新鲜玄武岩相比，蚀变玄武岩具有较低的 $\delta^{56}Fe$ 值，同时 Fe 的含量几乎相同，而红土中 Fe 的含量有明显程度的增加，但红土中磁铁矿的 $\delta^{56}Fe$ 与蚀变玄武岩相差不大。含 Sc 红土中 $\delta^{56}Fe$ 值有明显降低，但 Fe 含量有明显增加，说明是其他元素如 Si、Na、Ca 等在水解风化过程中丢失的结果。

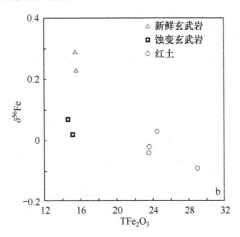

图 6.10　晴隆沙子铊矿区磁铁矿 Fe 同位素组成与全岩 Fe 含量的关系图

玄武岩水解风化到形成红土的过程中，Fe 元素经过了溶解、氧化及沉淀。在这 3 个过程中，Fe 的含量和 Fe 同位素均发生了变化。玄武岩水解风化过程中，Fe 含量及 Fe 同位素组成的变化主要来自辉石的分解作用。随着辉石的分解，二价铁离子进入到水溶液中，因为二价铁的离子电位比较高，可在水溶液中呈自由离子（Fe^{2+}）迁移，假如 Fe^{2+} 随溶液迁移了，那么体系中 Fe 的含量应该降低，但事实上，蚀变玄武岩和新鲜玄武岩具有几乎相同的 Fe 含量，这证明 Fe^{2+} 被原位氧化成 Fe^{3+}，然后生成了次生的 Fe 的氧化物，可能包括针铁矿、赤铁矿及磁铁矿。在质量平衡分馏情况下，Fe 同位素组成单斜辉石、水溶液中 $Fe(II)_{aq}$ 及次生磁铁矿之间存在如下关系：

$$\Delta^{56}Fe_{(II)aq-磁铁矿}=\delta^{56}Fe_{(II)aq}-\delta^{56}Fe_{磁铁矿} \tag{6.24}$$

$$\Delta^{56}Fe_{(II)aq-单斜辉石}=\delta^{56}Fe_{(II)aq}-\delta^{56}Fe_{单斜辉石} \tag{6.25}$$

将上述两式合并得到：

$$\delta^{56}Fe_{磁铁矿}=\delta^{56}Fe_{单斜辉石}+\Delta^{56}Fe_{(II)aq-单斜辉石}-\Delta^{56}Fe_{(II)aq-磁铁矿} \tag{6.26}$$

新鲜玄武岩中磁铁矿与单斜辉石的 Fe 同位素基本达到平衡，$\Delta^{56}Fe_{磁铁矿-单斜辉石}=0.45\times10^6/T^2$（Chen，et al，2014），根据本书所获得的磁铁矿的 $\delta^{56}Fe$ 值，假定结晶温度为 900℃，得到的单斜辉石 $\delta^{56}Fe$ 为 -0.07‰，与 Chen 等人（2014）实测的单斜辉石 Fe 同位素组成基本相同（−0.08‰）；Chapman 等人（2009）实验测得 $\Delta^{56}Fe_{(II)aq-单斜辉石}$ 的数值在−1.50‰～0.50‰，本书中我们取平均值−1.00‰；而 $\Delta^{56}Fe_{(II)aq-磁铁矿}$ 的值与温度有关，其等式为：$\Delta^{56}Fe_{(II)aq-磁铁矿}=(−0.145\pm0.002)\times10^6/T^2+(0.10\pm0.02)$。将所有数值代入式（6.27）中，我们可进一步得到磁铁矿中 Fe 同位素与蚀变温度的关系：

$$\delta^{56}Fe_{磁铁矿}=\delta^{56}Fe_{单斜辉石}+\Delta^{56}Fe_{(II)aq-单斜辉石}−\Delta^{56}Fe_{(II)aq-磁铁矿}=0.145\times10^6/T^2−1.17 \quad (6.27)$$

如图 6.11 所示，根据本次获得的蚀变玄武岩中磁铁矿的 Fe 同位素组成，推测蚀变流体的温度在 70～80℃。

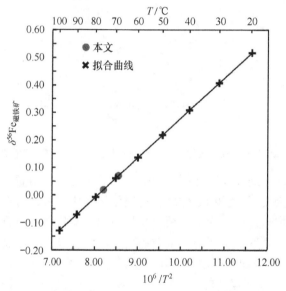

图 6.11　磁铁矿–单斜辉石–溶液共存条件下，磁铁矿中 Fe 同位素组成与温度的关系（拟合曲线来自 Frierdich, et al, 2014）

当玄武岩完全水解风化变成红土，单斜辉石被完全水解后，释放到溶液中的 Fe^{2+} 继承了单斜辉石的 Fe 同位素组成，在这种情况下 $\Delta^{56}Fe_{(II)aq-单斜辉石}$ 应为 0.00‰，Fe^{2+} 被原位氧化成 Fe^{3+} 并完全沉淀下来，$\Delta^{56}Fe_{(II)aq-磁铁矿}$ 亦等于 0.00‰，此时的磁铁矿中 Fe 同位素应该与单斜辉石中的 Fe 同位素组成相近。红土中磁铁矿的 Fe 同位素组成 $\delta^{56}Fe$ 变化介于−0.09‰～0.03‰，平均值为−0.03‰，非常接近新鲜玄武岩中单斜辉石的 Fe 同位素组成（$\delta^{56}Fe$=−0.07‰），暗示红土应该是玄武岩原地水解风化的产物。红土中 Fe 含量的增加，是其他元素如 Si、Na、Ca 等在水解风化过程中丢失的结果。

通过晴隆沙子矿锆石形态特征、微量元素、U-Pb 年龄、Hf 同位素及新鲜玄武岩、蚀变玄武岩和红土中磁铁矿的 Fe 同位素组成研究，我们获得了如下认识：

（1）晴隆沙子矿中的锆石外形呈棱角状或次棱角状，暗示锆石没有经过远距离的搬运，微量元素特征表明其为玄武岩岩浆锆石。

（2）晴隆沙子钪矿中的锆石 U-Pb 年龄为 259Ma，与 ELIP 的主喷发期一致。

（3）晴隆沙子钪矿中的锆石 Hf 同位素组成与其他 ELIP 玄武岩锆石 Hf 同位素组成基本相同。

（4）磁铁矿 Fe 同位素组成中可以看出：

① Fe 离子由二价铁变成三价铁，这表明晴隆沙子矿床的红土是玄武岩母岩在氧化环境下形成的。蚀变玄武岩具有较低的 $\delta^{56}Fe$ 值，同时 Fe 的含量与新鲜玄武岩几乎相同，说明整个体系为原位水解风化。

② 根据 Fe 同位素温度计，本次获得的蚀变玄武岩中磁铁矿的 Fe 同位素组成，推测蚀变流体的温度在 70～80℃。

③ 含 Sc 红土中 $\delta^{56}Fe$ 值有明显降低，但 Fe 含量有明显增加，说明是其他元素如 Si、Na、Ca 等在水解风化过程中丢失的结果。

综上所述，从矿化红土中锆石的形态、年龄特征、Hf 同位素组成及 REE 配分模式特征，我们推断峨眉山玄武岩是其母岩。玄武岩的风化水解可能是形成红土的主要原因，蚀变玄武岩被当成玄武岩风化水解为红土的中间产物。

我们推断，晴隆沙子钪矿红土的形成与峨眉山玄武岩的水解风化有关。在氧化条件下，玄武岩与 80℃（或温度更高）的流体反应，斜长石和单斜辉石被彻底分解，形成高岭石，同时释放的 Fe^{2+} 被原地氧化为 Fe^{3+} 沉淀，形成新的铁氧化物。Sc 等成矿元素在水解过程中被释放出来，被铁的氧化物吸附，随着易溶组分的流失，在残留相中得到了相对富集。

第7章
晴隆沙子钪矿床成矿过程研究

● 7.1 成矿的物理化学条件分析

7.1.1 钪矿形成的物理化学条件

通过前几章节的分析，我们认为晴隆沙子钪矿化红土是峨眉山玄武岩风化水解的产物。通过风化水解过程，易溶元素随溶液迁移，可以使不易相溶的元素相对富集。Force（1991）认为在风化水解过程中，有少于 50% 的原岩物质可以迁移；反而言之，不易相溶的元素可以达到 2 倍左右的富集。在晴隆沙子钪矿区，新鲜玄武岩含有 2.63%～3.26% 的 TiO_2，而红土中 TiO_2 的含量在 4.80%～5.37%，富集系数在 2 倍左右，与 Force（1991）的结论基本相符。结合 Fe 同位素进一步说明晴隆沙子地区的锐钛矿为原地水解和风化产物。

晴隆沙子钪矿中，TiO_2 主要以锐钛矿的形式存在，锐钛矿和金红石为同质异象体，当晶体颗粒比较小时，锐钛矿比金红石更加稳定（Barnard and Curtiss，2005；Gribb Amy and Banfield Jillian，1997；Levchenko，et al，2006；Navrotsky，2003；Zhang and Banfield，1998；Zhang and Banfield，2000）。因此，无论是自然界还是合成的锐钛矿，往往具有较小的晶体颗粒，如本书中的沙子钪矿床及内蒙古羊蹄子山—磨石山锐钛矿床（赵一鸣等，2008）。锐钛矿的颗粒都很小，沙子钪矿床和内蒙古羊蹄子山—磨石山锐钛矿床中，锐钛矿的晶体粒径分别在 0.003～0.09 mm 和 0.01～0.1mm。热力学计算表明，在低温热液情况下，有利于锐钛矿的形成（Smith，et al，2009）。Barnard 和 Curtiss（2005）认为，在有流体的作用下，有利于形成小的结晶颗粒，从而有利于锐钛矿的形成。

Schroeder 等人（2004）提出，当黑云母和钛铁矿分解时，矿物中包含的 Ti 可以沉淀下来，形成 Ti 的氧化物（金红石和锐钛矿）。鉴于玄武岩中黑云母的含量非常少，沙子钪矿床中的锐钛矿可能来自钛铁矿的分解。钛铁矿分解的主要原因是 Fe 的氧化（Grey and Reid，1975），在氧化条件下，钛铁矿先形成 $Fe^{3+}_2Ti_3O_9$（pseudorutile），$Fe^{3+}_2Ti_3O_9$（pseudorutile）继续风化，形成锐钛矿（Anand and Gilkes，1984），其反应过程为：

$$Fe^{2+}TiO_3（钛铁矿）\longrightarrow Fe^{3+}_2Ti_3O_9（pseudorutile）+Fe^{3+}$$

$$Fe^{3+}_2Ti_3O_9（pseudorutile）\longrightarrow TiO_2（锐钛矿）+ Fe_2O_3（赤铁矿）$$

近年来，陆续在一些风化红土中发现了 Sc 的富集。在这些矿床中，Sc 往往作为伴生元素，但亦有 Sc 的独立矿床（Aiglsperger，et al，2016；Chasse，et al，2017；Maulana，et al，2016）存在。Sc 与 Fe 和 Mg 的晶体化学性质较相近，常呈类质同象进入辉石矿物中。据高精度透射电子分析表明，当辉石被水解时，形成黏土矿物和 Fe 的氧化物，Sc 往往被吸附到 Fe 的氧化物表面（Aiglsperger，et al，2016；Chasse，et al，2017），因此，全岩中的 Sc 与 Fe 往往具有正相关关系。Chasse 等人（2017）提出红土中 Sc 的高度富集受以下 3 个因素的制约：①母岩中的高 Sc 含量；②长时间的风化作用；③Sc 被 Fe 氧化物吸附，不易迁移。Sc 以类质同象的形式随着锐钛矿结晶后，部分离子状态的 Sc 又被玄武岩水解形成的黏土矿物、褐铁矿等吸附，钪矿初步形成。

在满足一定条件时，Sc 的富集可简单归纳为：

辉石$\longrightarrow$ 富 Sc 黏土矿物 + 富 Sc 的 Fe 氧化物 + 富 Sc 锐钛矿

地质勘查已知，晴隆沙子勘查区的矿石中 Sc、Ti 含量都很高且有相当规模。结合它们的赋存状态可知：晴隆沙子研究区的矿床既是独立钪矿床，又是独立锐钛矿床，两者为共生矿床。由于晴隆沙子钪矿床中的 Sc 不以独立矿物的形式存在，其物理化学条件不好直接判断。但是，根据对该矿床中 Sc 的赋存状态研究可推知：Sc 在峨眉山玄武岩中被海解出来时，Sc 主要是以类质同象形式存在于锐钛矿中的；而且据常量、微量元素分析可知，Sc 与 Ti 呈正相关关系（聂爱国，2015）。所以，可认为：晴隆沙子锐钛矿形成的物理化学条件近似为晴隆沙子钪矿形成的物理化学条件。

众所周知，锐钛矿、金红石、板钛矿是二氧化钛（TiO_2）的 3 种同质多象变体。在自然界中，以金红石分布最广，而锐钛矿和板钛矿由于形成条件苛刻，则较为少见；锐钛矿和板钛矿常处于亚稳定状态，容易向金红石转变。

这 3 种矿物的生成条件是不同的，其中金红石是高温高压环境下的产物（Goldsmith R，1978；Force E R，1991）；板钛矿在 Na_2O 含量高的碱性介质中才能形成，并且仅在 Na_2O 含量较高的碱性介质中才处于稳定状态（陈武，1985）；而锐钛矿是在氧化状态及低温低压条件下、弱碱性介质中才能形成（Doucets，

1967）；综合前面章节对锆石形态、组成、年龄和 Hf 同位素、全岩地球化学及磁铁矿 Fe 同位素组成的研究，晴隆沙子钪矿的生成范围较狭窄，其形成应具备以下 5 个条件：

（1）物源比较单一。峨眉山玄武岩可能是其唯一的母岩，是提供钪矿形成的物质来源。

（2）风化较为彻底。斜长石、单斜辉石和钛铁矿可以完全水解，形成黏土矿物和 Fe 氧化物，使成矿元素重新分配，随着易溶元素的流失，不易溶的元素如 Fe、Ti、Sc 相对富集。

（3）有大量热的流体参与。据 Fe 同位素组成表明，与玄武岩发生交代反应的流体温度应该在 $70\sim80℃$，甚至可能更高。热的流体一是能加速矿物风化水解；二是有利于锐钛矿的形成；三是能带走大量易溶物质，有利于不易溶元素的相对富集。

（4）氧化环境。据 Fe 同位素组成和全岩 Fe 含量变化表明，由单斜辉石分解释放的 Fe^{2+} 被原地氧化成 Fe^{3+}，然后沉淀下来；而且钛铁矿分解成锐钛矿，亦需要氧化环境。

（5）低温低压及弱碱性介质氧化环境长期存在，且该体系中成矿物质为原位风化水解，未发生成矿物质的带入和带出，使载钪矿物——锐钛矿能稳定存在。

7.1.2　Sc 的地球化学特性

钪（Sc）原子外层电子构型为 $3d^14s^2$，亲石元素（王中刚等，1989；黎彤，1990），Sc 在自然界中以 Sc^{3+} 形式稳定存在。Sc 在大陆上地壳丰度为 11×10^{-9}，大陆中地壳丰度为 22×10^{-9}，大陆下地壳丰度为 31×10^{-9}（王中刚等，1989；黎彤，1990）。Sc^{3+} 半径为 0.81Å，与 Ti^{4+} 半径 0.86Å、Li^+ 半径 0.82Å、Mg^{2+} 半径 0.80 Å、Zr^{4+} 半径 0.80Å、Hf^{4+} 半径 0.79 Å、Fe^{2+} 半径 0.76 Å 相近。在内生作用中，因其含量低及与 Fe^{2+} 和 Mg^{2+} 结晶化学性质相似，在岩浆中与 Fe^{2+} 与 Mg^{2+} 发生类质同象替换，分布较分散；各类岩浆岩中，超基性岩及基性岩中 Sc 的平均含量较高：超基性岩中的为 15×10^{-6}，基性岩中的为 30×10^{-6}（Green，1968）。

在各类岩浆结晶作用中，Sc 不形成独立矿物，主要以类质同象形式进入超基性岩及基性岩中橄榄石、辉石等暗色矿物中。

在表生作用条件下，超基性岩及基性岩中 Sc 呈类质同象存在在橄榄石、辉石等暗色矿物中，它们发生氧化被破坏后，Sc 从中释放出来，存在于其他表生矿物中，如在晴隆沙子矿区，Sc 以类质同象形式在锐钛矿中富集，或被黏土质矿物及褐铁矿吸附。

7.2　成矿的内在地质环境分析

7.2.1　峨眉地幔热柱活动控制研究区玄武岩特征

根据地震层析成像资料和相关地质资料综合分析，峨眉地幔热柱活动造成了大规模的基性–酸性岩浆活动，其孕育于晚古生代泥盆纪，尤以晚古生代二叠纪至整个中生代岩浆活动最为强烈，而地幔热柱效应则一直可延续到新生代早期。其中，早期阶段（晚古生代）以大规模基性岩浆喷发活动为主，晚期阶段（中生代—新生代早期）以酸性及碱性岩浆大规模侵入为主，伴随少量的基性–超基性岩浆侵入活动。

峨眉地幔热柱的岩浆活动持续时间长，从晚古生代到中生代一直延续到新生代早期在贵州都有岩浆活动的显示。峨眉地幔热柱岩浆活动从老到新总体演化趋势为：从基性到酸性到碱性，由喷发到侵入，由海相到海陆交互相到陆相，由幔源到以幔源为主的幔壳混合来源（李红阳，1998）。

在研究区主要产生中、晚二叠世之间大规模峨眉山玄武岩喷发，为基性岩浆活动的高峰期，这次喷发基本奠定了贵州玄武岩的分布格局，在贵州西部、中部、南部到东南部的凯里一带都有大量峨眉山玄武岩或火山凝灰物质的产出，在晴隆沙子地区喷出大量玄武岩熔浆。根据现有资料，贵州峨眉山玄武岩 3 个不同碱性程度地区的化学成分平均值和全区平均值，都投在拉斑玄武岩系范围内；但是与世界大陆拉斑玄武岩相比，贵州峨眉山玄武岩又具有不同于典型拉斑玄武岩的特点，统计大量贵州西部峨眉山玄武岩常量元素化学成分，结果为：SiO_2 含量为 46.82%、TiO_2 含量为 3.64%、Al_2O_3 含量为 14.35%、Fe_2O_3 含量为 6.67%、FeO 含量为 7.7%、MnO 含量为 0.23%、MgO 含量为 5.06%、CaO 含量为 4.82%、Na_2O 含量为 5.13%、K_2O 含量为 0.17%、P_2O_5 含量为 0.35%。化学成分显示区内玄武岩具有偏碱、高钛铁、低镁、SiO_2 饱和等特点，其碱性程度在贵州西部玄武岩分布区是最高的，同时挥发组分也较其他地区偏高。TiO_2 含量在 3.2%～4.54%，几乎高一倍，属于高钛玄武岩；贵州峨眉山玄武岩具有高钛、低镁、相对贫钙、富铁，碱钙性区明显偏碱，固结指数明显较低等特点（聂爱国，2014）。

研究区内玄武岩中主要造岩矿物为单斜辉石及斜长石。

（1）单斜辉石。普通单斜辉石及含钛单斜辉石粒度多小于 0.05mm，组成玄武岩基质，见少量小斑晶，含量一般小于 30%；玻璃质含量一般为 10%～30%，几乎均脱玻分解为绿泥石和黏土矿物等。据前人研究（毛德明，1992），区内玄武岩辉石中 TiO_2 与 SiO_2、MgO 负相关；TiO_2 与 Al_2O_3 正相关；结合 Sc 的赋存状态、常量元素及微量元素分析结果，可得出：Sc_2O_3 与 TiO_2 正相关，Sc_2O_3 与 SiO_2、MgO 负相关；TiO_2 与 Al_2O_3 正相关，这一现象反映出辉石中存在较明显的 $Mg^{2+}+Si^{4+}\longrightarrow Sc^{3+}+Al^{3+}$ 及 $Mg^{2+}+Si^{4+}\longrightarrow Ti^{4+}+Al^{3+}$ 异价类质同象替代，相关微束分析结果可以佐证。

（2）斜长石。其含量一般为 50% 左右，斜长石号码（An）多在 51~67，属拉长石，粒度多为 0.1~0.05mm，组成玄武岩基质，见斑晶可达 3mm，多蚀变或风化为绢云母。（见彩插照片 33）。

（3）次要矿物。次要矿场如磁铁矿、钛铁矿、锆石、绿帘石、电气石、石英等。（见彩插照片 25、26）。

这种特殊地幔热柱活动及产生的特殊玄武岩浆对贵州西部大量矿产资源形成（包括晴隆沙子钪矿、锐钛矿的形成）的影响是决定性的。

7.2.2 研究区钪矿的成矿物质来源

根据前述沙子钪矿床常量元素地球化学特征、稀土元素地球化学特征、微量元素地球化学特征及 Sc、Ti 元素地球化学特征研究可知：矿石中微量元素及常量元素地球化学特征，反映在区域背景下，局限水体特征的地球化学环境；其中 $Sc-TiO_2-Cu-Fe-Mn$ 组合反映在地表强氧化带，富含 Fe、Mn、Sc、Cu 的峨眉山玄武岩浆喷发后落入局限海水中，经海水强烈海解，形成低温低压及弱碱性水环境，导致大量成矿物质被海解出来。例如，原峨眉山玄武岩中的二价铁氧化为三价铁形成褐铁矿，原峨眉山玄武岩中的二价锰氧化为三价或四价锰形成硬锰矿，Ti 在氧气供应充分、低温低压及弱碱性环境下形成锐钛矿，Sc^{3+} 被浸变解体从玄武岩中释放出来，被黏土矿物吸附或在锐钛矿中聚集。由于 Fe、Mn、Sc、Ti 来源于同一玄武岩，因此 Sc 与 Ti、Fe、Mn 相关水平较高。Sc 与 Fe 的相关系数为 +0.9155，Sc 与 Mn 的相关系数为 +0.7268，Sc 与 Ti 的相关系数为 +0.6568，Sc 与 Cu 的相关系数为 +0.6736，从而使矿石中形成微量元素和常量元素 $Sc-TiO_2-Cu-Fe-Mn$ 的组合，其正相关水平较高。

晴隆沙子地区玄武岩的化学成分：SiO_2 含量为 46.44%、TiO_2 含量为 3.64%、Al_2O_3 含量为 14.35%、Fe_2O_3 含量为 6.67%、FeO 含量为 7.70%，钪（Sc）元素含量为（32.2~35.8）$\times 10^{-6}$。在矿区形成峨眉山玄武岩的内生作用中，钪（Sc）元素含量因其含量低，与 Fe^{2+} 和 Mg^{2+} 结晶化学性质相近似，在岩浆中分散分布，不形成独立矿物，Sc 呈类质同象进入超基性岩及基性岩中的橄榄石、辉石等暗色矿物中，使区内玄武岩 Sc 含量较高。区内玄武岩化学成分为高钛低镁，属高钛拉斑玄武岩，区内玄武岩辉石中 Ti 含量较高，玄武岩中 Ti 多以 $Ti^{4+}+Al^{3+}\longrightarrow Mg^{2+}+Si^{4+}$ 的异价类质同象进入辉石的硅氧四面体中，很少形成 Ti 的单矿物，同时 Sc 以 $Mg^{2+}+Si^{4+}\longrightarrow$

$Sc^{3+}+Al^{3+}$异价类质同象形式进入辉石的硅氧四面体中，不形成 Sc 的独立矿物。

晴隆沙子钪矿区的矿化红土、蚀变玄武岩、枕状玄武岩及灰岩的稀土元素总量（ΣREE）分别为（250～300）×10^{-6}、（270～365）×10^{-6}、（138～173）×10^{-6}和（3.5～16.6）×10^{-6}。新鲜玄武岩的配分模式为轻稀土富集型，具有弱的 Eu 正异常，与峨眉山高 Ti 玄武岩类似，蚀变玄武岩和红土的稀土重量是新鲜玄武岩的2～3 倍，但其配分模式基本一致。灰岩具有最低的稀土元素含量，且具有明显不同于前三者的稀土配分模式。这说明晴隆沙子钪矿中赋矿红土为玄武岩风化的产物，而与下伏的茅口组灰岩没有成因联系。

通过对晴隆沙子矿锆石形态特征、微量元素、U-Pb 年龄、Hf 同位素组成的研究还得出以下结论：

（1）晴隆沙子矿中的锆石外形呈棱角状或次棱角状，暗示锆石没有经过远距离搬运，微量元素特征表明其为玄武岩岩浆锆石。

（2）晴隆沙子钪矿中的锆石 U-Pb 年龄为 259Ma，与 ELIP 的主喷发期一致。

（3）晴隆沙子钪矿中的锆石 Hf 同位素组成与其他 ELIP 玄武岩锆石 Hf 同位素组成基本相同。

综上所述，从矿化红土中锆石的形态、年龄特征、Hf 同位素组成及 REE 配分模式特征推断，峨眉山玄武岩是其母岩。

贵州晴隆地区，于中二叠世茅口晚期，正置滨岸湖坪相带上，峨眉地幔热柱活动导致地壳抬升的同时，晚二叠世龙潭早期伴随峨眉山玄武岩浆的强烈喷发，峨眉山玄武岩火山喷发物滚落流入局限海水中，发生海解势必浸变解体，暗色矿物辉石解离成绿泥石等，辉石中的 Sc^{3+}、Ti^{4+}几乎可全部析出进入水体，为区内钪矿、锐钛矿的形成提供了丰富 Ti 及 Sc 的物质来源（聂爱国，2015）。

由上述可知，研究区钪矿的成矿物质来源于晚二叠世龙潭早期岩浆喷发形成的峨眉山玄武岩。

7.2.3 峨眉地幔热柱活动控制研究区古地理格局

峨眉地幔热柱强大的上隆作用反映在区域构造的演变中，是一种综合性的地质作用。阳新世（中二叠世）栖霞初期，作为扬子地台结晶轴的康滇古陆处于隆起状态，乐平世（晚二叠世）早期，扬子地台普遍隆升，康滇古陆以东大片地区成为内陆盆地（宋谢炎，2002）。

中、晚二叠世之间最为强烈的一次峨眉地幔热柱活动导致地壳快速升降运动，贵州西部发生大面积玄武岩浆喷溢，海水向南退去，使贵州大部分地区抬升为陆，并且造成贵州西北高、东南低的古地理格局。黔西南地区晴隆—贞丰—安龙一线，受潘家庄及紫云—垭都同生断裂的控制，这一区域为局限海潮坪—台地环境，接受来自西部的玄武岩、深大断裂导致的热水物质沉积，东部则受局限海台地边缘生物礁控制，使其与大洋沟通不畅。在这样的古地理环境条件作用下，黔西南地区形成了复杂多变的海陆交替含煤岩系；而在黔西北地区则形成一套以陆相沉积为主的岩系（见图7.1）。

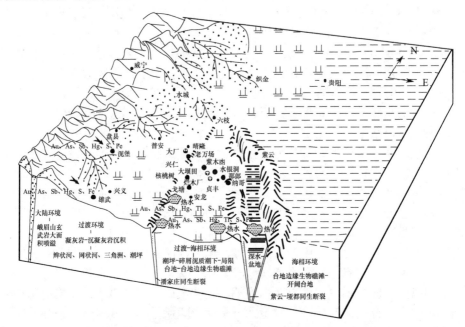

图7.1　晚二叠世贵州西部沉积环境示意图（聂爱国，2009）

　　贵州古地理格局则由早、中二叠世的近东西转变为晚二叠世北东向的展布，贵州西部的沉积相带由北向南，随着海相化石、海相灰岩的增多，由陆相渐变为海陆交互相，最后转变为海相环境。各相带特征如下：

　　（1）晚二叠世由于峨眉地幔热柱强烈活动，贵州西北部地区抬升较为强烈，茅口组经短期风化壳剥蚀而形成岩溶地貌。晚二叠世，在贵州西北部的威宁地区，由于陆相沉积环境，主要沉积富含植物化石的砂页岩。

　　（2）遵义—安顺一线以西的黔西和黔西南地区，主要为陆源细屑沉积岩夹煤层，潮汐沉积发育，含植物化石及蜓类等海相化石，属于海陆交互的陆地边缘相区，其主体主要为潮坪—泻湖环境。

　　（3）海陆交互相带的南东，主要为灰岩，含正常的海相生物蜓、腕足类和藻类等，属碳酸盐台地相区。而在紫云—望谟—贞丰一带，为暗色泥晶灰岩，生物稀少，为较深水的台地相沉积。

　　在台盆边缘的相对隆起上，发育了由海绵和水螅等构成的生物礁，构成台盆边缘礁滩相。由此相带往台盆方向的坡度较陡，重力流沉积发育，形成碳酸盐岩角砾岩的这种重力滑塌堆积，代表台盆边缘斜坡相沉积。到晚二叠世晚期，古地理格局与乐平期相似，仅海侵范围有所扩大，以碳酸盐沉积为主（贵州省区域地质志，1987）。

正是由于这一时期地球内部峨眉地幔热柱活动差异性的巨大地质应力作用导致贵州西部形成西北高东南低的地貌格局，在西北威宁、赫章一带形成陆相环境；在普安、晴隆、水城、织金一带形成近滨岸潮坪海陆交互相环境；向东南兴义、安龙、贞丰一带形成海相环境。

7.3 成矿的外在地质环境分析

7.3.1 区内特殊的弱碱性水岩溶洼地地球化学障

贵州晴隆地区，二叠系中统茅口组灰岩受峨眉地幔热柱活动造成地壳抬升的影响，其顶部裸露地表，形成古喀斯特高地与喀斯特洼地。因近滨岸潮坪，喀斯特洼地有些地方有积水。据分析研究，晴隆沙子地区玄武岩富 Na 贫 K，Na_2O 的含量为 5.33%，而 K_2O 的含量仅为 0.17%。富含 Na 的长石等在喀斯特洼地水体中浸变解体，K^+ 进入黏土矿物中，Na^+ 溶解于水中，使区内形成特殊的弱碱性水喀斯特洼地地球化学障。加上该弱碱性水的岩溶洼地处于地表氧化带，有充足的氧气，为载 Sc 锐钛矿（TiO_2）的形成准备了充分的条件。这种喀斯特洼地水体被喀斯特地貌的高地隔开，是一个个相对孤立的弱碱性水域，是特殊的地球化学障，为区内载 Sc 锐钛矿的形成提供了必要的成矿环境（聂爱国，2015）。

晴隆沙子锐钛矿中元素钪（Sc）有明显的富集，钪（Sc）原子外层电子构型为 $3d^14s^2$，在自然界中以 Sc^{+3} 稳定存在。区内 Sc^{+3} 不等价置换 Fe^{2+}、Mg^{2+}，并存在于玄武岩辉石、角闪石、橄榄石中。当玄武岩等喷发物落入海水水体中时，Sc^{+3} 随辉石等矿物的浸变解体从岩石中释放出来，水体的 pH 值对 Sc^{+3} 行为有重要影响，在酸性溶液中，Sc^{+3} 呈溶解态可随水体流失；在中性–碱性溶液中，形成 $Sc(OH)_3$、Sc_2O_3 胶体或络离子被氧化铁、锰土、黏土矿物吸附，区内特殊的弱碱性水喀斯特洼地地球化学障使 Sc 在洼地中富集成矿。

由此可知，贵州晴隆沙子一带，二叠系中统茅口组灰岩受峨眉地幔热柱活动造成地壳抬升的影响，其顶部裸露地表，遭受风化剥蚀形成古喀斯特高地与喀斯特洼地；后因近滨岸潮坪，喀斯特洼地积有几十米深的海水并伴有晚二叠世早期的峨眉山玄武岩落入其中。这种局限的环境，成为当时特殊的弱碱性水岩溶洼地地球化学障。

7.3.2　区内具备成矿的低温低压条件

对黔西南地区进行地质勘查的过程中，作者团队曾使用地质—物探—化探—遥感综合地质调查及"3S"信息技术手段。

在遥感地质调查中，根据 ETMLandsat-7 遥感数据处理及合成遥感影像构造解译。区内环形构造、线性构造较一致，沿北东（NE）向展布，并与已探明的①号、②号、③号矿体在空间有明显重叠（见图 7.2）。根据区域资料分析，晴隆沙子矿区所在位置正置弥勒—师宗断裂影响带上，推测在峨眉地幔热柱活动作用下，峨眉山玄武岩浆喷发期此处应该是局部热源区；同时，峨眉山玄武岩浆喷发高温火山物质落入喀斯特洼地水解形成地表热水，它们共同作用形成当时晴隆沙子地区喀斯特洼地水温不超过 200℃ 的积水。根据 Fe 同位素温度计，根据本次获得的蚀变玄武岩中磁铁矿的 Fe 同位素组成，推测蚀变流体的温度在 70～80℃。从喀斯特洼地火山碎屑沉积物厚度推测，当时的水体有数十米深，具有一定的静压力，使这种特殊的地球化学障成为低温低压环境，满足载 Sc 锐钛矿形成的低温低压条件（聂爱国，2015）。

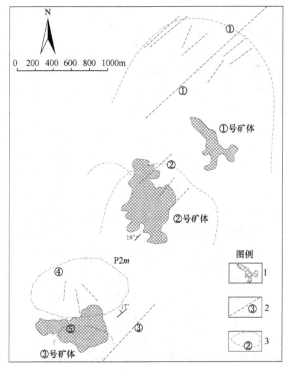

图 7.2　晴隆沙子锐钛矿矿体钪矿地质-遥感略图

1—钪矿体；2—遥感解译线性构造；3—遥感解译环形构造

7.4　成矿过程研究

7.4.1　峨眉地幔热柱活动形成晚二叠世早期玄武岩浆喷发

由于地幔热柱构造作用出现地幔隆起，幔源物质形成地幔流体（Kaneoka I.，et al，1985），地幔流体具有充足的物质储量、庞大的流体库和稳定的热源供给；它们上涌的部位往往是壳幔相互作用最强烈的地区，地幔流体的出现不仅表现为有大量深部物质注入成矿系统，而且意味着该区存在一个高热环境，为成矿作用的持续进行和形成大型、特大型矿床提供了有利条件。地幔流体成矿作用主要表现在：地幔流体本身成矿、地幔流体提供成矿物质、地幔流体提供成矿流体、地幔流体提供碱质和硅质、地幔流体提供热源（刘丛强等，2004）。

峨眉地幔热柱活动产生的地幔流体形成壳幔相互作用和高热流场，构成了成矿物质大规模聚集系统，这些地幔流体在地幔热柱活动多级演化动力作用下，其中成矿物质以气态形式随着地幔热柱多级演化向上运移，部分金属元素随岩浆系统直达浅部壳层构造，从而构成来自地幔及地壳深部的大量成矿物质在西南地区地壳浅部或表层就位成矿（李红阳等，1998）。

在物源输运过程中，岩浆是极为有利的输运载体，其中峨眉山玄武岩为黔西南丰富的矿产形成带来了大量成矿物质。同时在中、晚二叠世形成贵州西部的西北高、东南低的地貌格局。

7.4.2　特殊喀斯特洼地形成的有利地球化学障

地球化学障（Liu，et al，2010a；Traoré，et al，2008；Young，et al，1996；Zhai，et al，2010；高帮飞等，2006；李伟强等，2006；杨竹森和高振敏，2001）：在表生地球化学环境下，影响物质运移的地球化学因素主要有 Eh、pH、吸附障及电解质障 4 种。在同一地质环境中，几种地球化学障可能共存，但通常是一种地球化学障起主导作用，控制局部地区的地球化学特征。有关元素各自迁移变化的位置及其相应地球化学障的位置是富集作用的决定因素。

由于峨眉地幔热柱的活动，中、晚二叠世在黔西南形成沉积环境，主要是错落有序的碳酸盐台地和台盆（沟）沉积格局（王砚耕，1994）。台地上发育海相浅水碳酸盐岩，台盆（沟）内则为深水或相对深水的钙泥炭质沉积及火山碎屑沉积，而在一些高位孤立台地边缘，则出现生物碳酸盐岩隆，特别是生物礁（滩）发育，构成了黔西南颇有特色的台-盆（沟）沉积模式，如图 7.3 所示。

早二叠世茅口期末，黔西南广泛存在沉积间断。据研究，此间断面遭受了至少 40 万年的风化剥蚀。因碳酸盐岩裸露溶蚀，该区域形成了起伏不平的喀斯特地貌（但矿区范围内喀斯特洼地变化不大）。一个个大小不等，底部高低不平，同时被溶锥、溶丘隔开的水盆地，是一个个不同的地球化学突变带导致化学元素浓集的地段（A. И. 彼列尔曼，1975）。晴隆地区这种复杂的喀斯特地貌形成正值峨眉山玄武岩浆活动期，其位置正好位于峨眉山玄武岩喷发的过渡带和外区之间（见图 7.4），玄武岩岩浆猛烈爆发和溢出流入这些水盆地，使这些水盆地具有一定的温度和压力，形成一种低温低压相对封闭的水盆地；滚落或溢流进水盆地的玄武岩屑或岩浆，经水解等作用形成成矿元素富集。晴隆沙子钪矿的成矿物质就是这样从峨眉山玄武岩中被大量水解萃取出来的。

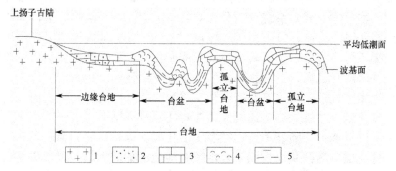

图 7.3　黔西南中、晚二叠世台地与台盆沉积模式（王砚耕，1994）

1—大陆地壳；2—砂及细砂；3—碳酸盐岩；4—生物礁；5—硅泥

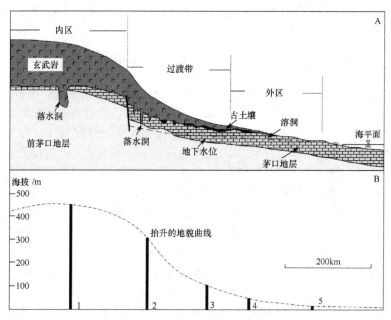

图 7.4　晴隆地区茅口组地层之上与玄武岩接触关系（He，et al，2010）

7.4.3 Sc 的迁移富集过程

经对晴隆沙子地区玄武岩矿物学、Sc 的赋存状态、常量元素、微量元素地球化学特征、Sc 元素地球化学特征等的研究得出：贵州西部地区峨眉山玄武岩中主要暗色矿物辉石中 Sc 含量较高，玄武岩中 Sc^{+3} 不等价置换 Fe^{2+}、Mg^{2+}，并存在于玄武岩辉石中，不能形成 Sc 的独立矿物。

贵州晴隆地区，二叠系中统茅口组灰岩受峨眉地幔热柱活动地壳抬升的影响，其顶部裸露地表产生风化、剥蚀，发生岩溶作用，形成喀斯特高地与喀斯特洼地的古地貌。因近滨岸潮坪，喀斯特洼地部分有积水。

贵州西部地区峨眉山玄武岩富 Na 贫 K，Na_2O 含量为 5.33%、K_2O 含量为 0.17%。富含 Na 的长石等在喀斯特洼地水体中浸变解体，K^+ 进入黏土矿物中，Na^+ 溶解于水中，使区内有特殊的弱碱性水喀斯特洼地地球化学障。加上该弱碱性水的岩溶洼地在地表氧化带，有充足的 O_2，这种喀斯特洼地水体被喀斯特高地地貌隔开，是一个个相对孤立的弱碱性水域，是特殊的地球化学障；同时晴隆沙子矿区所在位置正置弥勒—师宗断裂影响带上，是局部热源区；同时，峨眉山玄武岩喷发高温火山物质落入喀斯特洼地水解形成地表低温热水。根据喀斯特洼地火山碎屑沉积物厚度推测，当时的水体有数十米深，成为具有一定静压力的低压，这样的低温低压环境，为区内载钪的锐钛矿的形成提供了必要的环境条件。

贵州晴隆地区于晚二叠世龙潭早期，正置滨岸潮坪相带上，峨眉地幔热柱活动导致地壳抬升的同时，伴随峨眉山玄武岩浆强烈喷发。峨眉山玄武岩火山喷发物滚落流入一个个弱碱性、低温低压喀斯特洼地水体中，势必浸变解体，暗色矿物辉石解离成绿泥石等，辉石中的 Sc^{+3} 几乎全部析出迁移进入水体，形成 $Sc(OH)_3$ 或 Sc_2O_3 胶体或络离子被黏土矿物、氧化铁、锰土吸附，形成载 Sc 锐钛矿和被黏土矿物、氧化铁、锰土大量吸附的钪矿体，其上再接受后续物质的沉积。

7.4.4 表生条件下 Sc 的再富集过程

胡煜昭（2011）分析建立了黔西南埋藏史曲线，如图 7.5 所示。从该图可以看出，黔西南坳陷晚二叠世至晚三叠世为快速埋藏阶段，侏罗纪至古近纪为缓慢剥蚀阶段，晚第三纪和又进入快速抬升剥蚀阶段。因此，晴隆沙子矿区晚二叠世峨眉山玄武岩浆喷发后，直到晚三叠世，属于一个快速埋藏阶段；该地区侏罗纪至古近纪缓慢抬升，而第三纪以后快速抬升接受风化剥蚀。

由此可知，在晴隆沙子矿区晚二叠世龙潭早期在特殊的喀斯特洼地形成载 Sc 锐钛矿和被黏土矿物、氧化铁、锰土吸附的钪矿体。

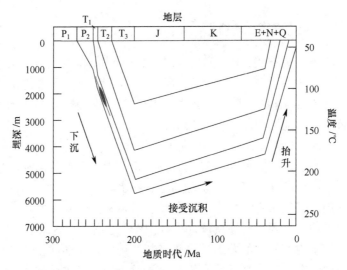

图 7.5　黔西南坳陷埋藏史（胡煜昭，2011）

　　这些钪矿体经过后续地层物质沉积覆盖，后来经过喜山期的地壳快速抬升，在新生代表生条件下，这些钪矿体经历了长期的风化、淋滤、成土作用。

　　这些钪矿体在成土作用过程中，由于 Sc 被黏土矿物等吸附基本不迁移，而其他活动性强的杂质被迁移去除，钪矿体及围岩进一步红土化，在常温常压下，钪矿体在原地及附近被稳定保存，钪矿体中大量活动性强的杂质被淋滤，Sc 得到进一步富化再富集，形成晴隆沙子残坡积型钪矿床。

第8章
矿床成因机制及成矿模式探讨

8.1 矿床成因机制

8.1.1 成矿时代

通过对晴隆沙子钪矿床的成矿过程研究可知，该矿床的形成有两个主要的成矿时期：

（1）第一成矿时期：晚二叠世龙潭早期。它为贵州峨眉山玄武岩浆第一喷发旋回。依据：

① 矿石中玄武质火山凝灰岩中可见蜓类生物化石及蜓类化石外壳黑边。

② 3 个钪矿工业矿体均产于二叠系中统茅口灰岩顶部蜓科生物灰岩形成的喀斯特微型洼地中，矿体中及其周边围岩和矿体底部可见茅口灰岩顶部蜓科生物灰岩。

③ 通过矿区锆石的 U-Pb 同位素测年，得出其钪矿床的成矿年龄为：晴隆沙子钪矿中锆石的 $^{206}Pb/^{238}U$ 年龄变化在 254~265Ma，$^{206}Pb/^{238}U$ 加权平均年龄为（259.1±1.7）Ma，该年龄可代表锆石的结晶年龄。晴隆沙子锆石 U-Pb 年龄比较单一，暗示提供碎屑物质的来源比较单一。这与晚二叠世早期峨眉山玄武岩浆喷发地质事件的时间吻合。

（2）第二成矿时期：新生代。它是富 Sc 地质体风化淋滤进一步富化期。

整个矿体红土化，主成矿期形成的钪矿被黏土、褐铁矿等吸附，钪矿在常温常压下稳定，保存在喀斯特微型洼地中不易流失。而原矿石中的 Na^+、Ca^{2+}、Mg^{2+} 等流失，使原矿石品位进一步提高。

8.1.2　成矿机制

综观晴隆沙子钪矿床的整个成矿过程，可以凝练出以下两个成矿阶段。

1. 晚二叠世龙潭早期喷流热水沉积阶段

常见的喷流热水沉积作用是指在海底的火山爆发，大量喷出的岩浆在喷口及附近的海底与海水发生各种反应导致成矿物质沉淀形成矿床的作用。而晴隆沙子一带的喷流热水沉积作用是指喷发玄武岩浆从陆地上喷出后，流入潮坪环境盛有海水的喀斯特洼地中，再与洼地中的海水发生水解反应，萃取玄武岩中各种成矿物质沉淀形成矿床的作用，故定义为喷流热水沉积作用。

贵州西部峨眉山玄武岩中元素钪（Sc）含量为（32.2～35.8）×10^{-6}、TiO_2含量为 3.64%、Na_2O 含量为 5.33%。Sc^{3+} 及 Ti^{4+} 呈类质同象进入辉石的硅氧四面体中。

晴隆沙子一带二叠系中统茅口组灰岩顶部有多个古地貌喀斯特高地与喀斯特洼地。因近滨岸潮坪，喀斯特洼地部分有积水。伴随晚二叠世龙潭早期的峨眉山玄武岩浆强烈喷发，在晴隆沙子一带喷发数量不多的峨眉山玄武岩浆滚落流入水体形成厚度不大的玄武岩层，它们与几十米深的海水发生强烈的浸变解体反应，正因为这些玄武岩厚度不大，使玄武岩在海水中得到充分海解，辉石等矿物解离、萃取释放出大量 Sc^{3+} 及 Ti^{4+} 聚集于茅口组灰岩顶部古喀斯特积水洼地中；富含 Na 的长石等在喀斯特洼地水体中浸变解体，Na^+ 溶解于水中，使区内特殊的喀斯特洼地积水呈弱碱性水，在这种有利成矿的环境下，浸变解体出的 Sc^{3+} 形成 $Sc(OH)_3$、Sc_2O_3 胶体或络离子，被氧化铁、锰土、黏土矿物吸附形成喷流热水沉积钪矿床。

由于单个喀斯特洼地水域局限，水体温度、压力及 pH 值差异小，Sc^{3+}、Ti^{4+} 及 O_2 浓度差异小，因此在单个喀斯特洼地中矿化均匀，矿石 TiO_2 及 Sc_2O_3 品位变化系数均小于 20%。又由于茅口晚期沉积间断时间不长，茅口灰岩顶部喀斯特洼地起伏不大，矿层的厚度变化较稳定，其厚度变化系数均小于 50%。

钪矿体在喀斯特洼地中形成后，区内峨眉山玄武岩喷发作用仍在继续，上覆有硅质岩及玄武岩、煤系等。区内虽经历了晚二叠世及其以后的沉积、燕山期构造变动，由于均未达到区域变质及高温高压环境，已形成的钪矿体被稳定保存。

2. 新生代表生风化—淋滤—成土成矿富化阶段

喜山期新构造运动地壳快速抬升，使晴隆沙子钪矿体裸露地表，这些喷流热水沉积钪矿床在原地及附近进一步遭受长期的风化—淋滤—成土作用，强烈的红土化作用，导致大量活动性强的杂质被带走，Sc 被黏土物质吸附保留下来，钪矿体在土层中得到进一步富化，形成残坡积型钪矿床。

综上所述，晴隆沙子钪矿床为峨眉山玄武岩浆强烈喷发初期于茅口灰岩顶部喀斯特洼地低温、低压、弱碱性水体中玄武岩经浸变解体后 Sc 被吸附形成喷流热水沉积的钪矿床；后来经过喜山期，地壳运动快速抬升，已形成的喷流热水沉积钪矿床再遭受风化、淋滤分解成土，在原地及附近钪矿进一步富化形成残坡积型钪矿床。

晴隆沙子钪矿床可定为：喷流热水沉积–残坡积型钪矿床。

综观晴隆沙子钪矿床地质特征、形成过程、成因机理及晴隆沙子锐钛矿床地质特征、形成过程、成因机理（聂爱国，2015）可知：两个矿床不仅产于同一矿区，而且属于相同的矿体；不仅矿石结构构造相同，而且矿石类型相同；不仅具有相同的成矿地质条件，而且是在同一地质成矿作用过程中形成的；两个矿床的钪矿、锐钛矿品位及规模都达到大型和独立开采程度，所以晴隆沙子钪矿床、晴隆沙子锐钛矿床不仅是共生矿床，而且是两个各自独立的矿床。

● 8.2　矿床成矿模式

8.2.1　贵州晴隆独立钪矿床与云南二台坡独立钪矿床成矿对比

目前我国仅在云南二台坡发现独立钪矿床，二台坡富 Sc 玄武质母岩浆在岩浆结晶早期大量进入镁铁质硅酸盐矿物中，形成 Sc 的独立矿床，它是在基性超基性岩体中形成的原生钪矿床（郭远生，2012）；而贵州晴隆沙子发现的独立钪矿床属于富 Sc 的峨眉山玄武岩经水解作用浸变解体出大量的 Sc，它以黏土矿物、褐铁矿吸附或形成锐钛矿类质同象的形式产出，再经过新生代漫长的风化—淋滤作用，Sc 在新生代风化壳中形成残坡积黏土钪矿床，这在国内尚属首例。

贵州晴隆沙子独立钪矿床及云南二台坡独立钪矿床同属扬子板块西南缘，云南二台坡独立钪矿床隶属大陆型地壳构造域的川滇新裂谷中，贵州晴隆沙子独立钪矿床隶属大陆型地壳构造域的右江裂谷中。川滇新裂谷与右江裂谷沉积演化过程中伴随着广泛的峨眉山玄武岩浆活动，形成晚二叠世 ELIP。

1. 大地构造背景对比

贵州晴隆沙子大型独立钪矿床属扬子板块西南缘，大陆型地壳构造域的右江裂谷中。

云南二台坡独立钪矿床属扬子板块西南缘，大陆型地壳构造域的川滇新裂谷中（朱智华，2010）。

川滇新裂谷与右江裂谷沉积演化过程中伴随着广泛的峨眉山玄武岩浆活动，形成晚二叠世 ELIP（陶琰，2006、2007）。

2. 赋矿岩性对比

贵州晴隆沙子独立钪矿床属于富 Sc 的峨眉山玄武岩经水解作用浸变解体出大量的钪被黏土矿物、褐铁矿吸附或形成锐钛矿的类质同象形式产出，再经过新生代漫长的风化—淋滤作用，钪在新生代风化壳中再富化形成的残坡积型钪矿床。

云南二台坡独立钪矿床，主要是通过二台坡富钪玄武质母岩浆在岩浆结晶早期大量进入镁铁质硅酸盐矿物中，形成钪的独立矿床，它是在基性超基性岩体中形成的原生钪矿床。

3. 主成矿元素及矿石矿物对比

贵州晴隆沙子独立钪矿床的主成矿元素是 Sc、Ti，矿石矿物为锐钛矿、褐铁矿，钪矿床矿石 Sc_2O_3 平均品位为 $74.93×10^{-6}$。

云南二台坡独立钪矿床的主成矿元素是 Sc、Fe；矿石矿物为透辉石、角闪石、锆石，钪矿床矿石 Sc_2O_3 平均品位为 $66.08×10^{-6}$。

4. 成因对比

经作者研究，贵州晴隆沙子独立钪矿床属于在与富 Sc 峨眉山玄武岩浆活动有关低温低压环境中，Sc 从岩浆中解离出来再聚集，再经新生代漫长风化作用进一步富化形成的残坡积钪矿床（聂爱国，2015）。

云南二台坡独立钪矿床是富 Sc 玄武质母岩浆在岩浆结晶早期大量进入镁铁质硅酸盐矿物中，通过岩浆结晶分异等成矿作用在岩浆体中直接结晶形成的岩浆型钪矿床（范亚洲，2014）。

8.2.2 晴隆沙子钪矿床成矿模式

在对晴隆沙子钪矿床及区域野外实地调查的基础上，通过晴隆沙子钪矿成矿地质背景、钪矿主要地质特征、钪矿床地球化学特征、U-Pb、Hf、Fe 同位素成矿指示特征、钪矿成矿过程研究、矿床成因机制探讨等方面的分析研究，总结出该钪矿床的成矿模式（见图 8.1）。

(g) 经燕山期构造变动,形成穹隆;经新生代地壳抬升矿层裸露风化淋滤、红土化,矿层进一步富化

(f) 晚二叠世龙潭中、后期峨眉山玄武岩喷发结束后,龙潭中、后期海平面上升晴隆地区接受海陆交互相沉积,已形成的钪矿得以保存

(c)、(d)、(e)晚二叠世龙潭早期大洋海水海侵至现晴隆、水城一带,形成宽阔的滨岸地带,有部分形成喀斯特积水洼地

此后,峨眉地幔热柱强烈活动导致峨眉山玄武岩浆喷发,部分岩浆落入晴隆地区的喀斯特积水洼地中。炙热的峨眉山玄武岩进入水体,其中的辉石、斜长石与水体发生水解反应,释放Ti、Sc等成矿元素及Na+,水体为低温、氧化环境的弱碱性水。在此种环境下会发生如下反应:

$Fe^{2+}TiO_3$ (钛铁矿) $\longrightarrow$ $Fe^{3+}_2Ti_3O_9$ (pseudorutile) $+Fe^{3+}$

$Fe^{3+}_2Ti_3O_9$ (pseudorutile) $\longrightarrow$ TiO_2 (锐钛矿) $+Fe_2O_3$ (赤铁矿)

Sc以类质同象的形式随着锐钛矿结晶后,部分离子状态的Sc又被玄武岩水解后形成的黏土矿物、褐铁矿等吸附,钪矿初步形成。Sc的整个富集过程可简单归纳为:

辉石 $\longrightarrow$ 富Sc黏土矿物+富Sc铁氧化物+富Sc锐钛矿

(b) 中二叠世茅口晚期峨眉地幔热柱活动造成地壳抬升,茅口组灰岩遭受溶蚀形成喀斯特高地及洼地

(a) 中二叠世茅口晚期礁滩相生物(䗴)灰岩沉积

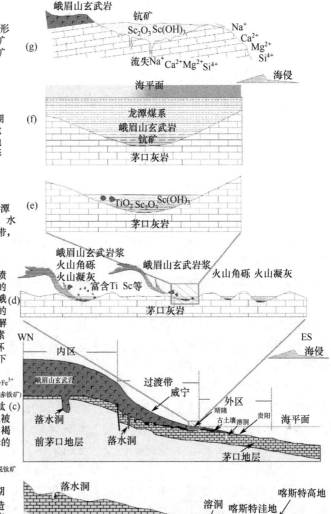

图 8.1 贵州晴隆沙子钪矿床成矿模式

第9章
结　论

　　本书研究工作以矿床学及矿床地球化学理论为指导，在对黔西南晴隆沙子地区及周边区域多次踏勘的基础上，以前人对贵州西部玄武岩研究、贵州西部中上二叠世岩相古地理研究等为基础，通过对晴隆沙子钪矿床的野外地质调查、采样、鉴定、检测及室内综合分析研究，系统整理了沙子钪矿床地质特征、矿石工艺学、选冶研究成果，分析整理了各测试结果，进而研究独立钪矿床成矿过程及成因，建立成矿模式，为贵州西部新类型、新矿种、新矿产地的找矿理论研究及实践开拓新的思路。其结论如下：

　　（1）晴隆沙子钪矿体赋存于二叠系中统茅口灰岩喀斯特不整合面之上的第四系残坡积红土中，钪矿工业矿体产于 1338.90～1498.45m 标高的喀斯特丘丛及平缓斜坡上的 3 个微型洼地中。已探明的工业矿体有 3 个，呈北东南西向排布，依次编号为：①号钪矿体、②号钪矿体及③号钪矿体。

　　（2）晴隆沙子钪矿石主要为红色、黄色黏土及亚黏土，黏土中常含玄武岩、硅质灰岩、硅质岩、铁锰质黏土岩及凝灰岩等角砾。矿石中金属矿物主要有锐钛矿、褐铁矿；脉石矿物主要有高岭石，其次是石英、绢（白）云母、绿泥石、斜长石、锆石等。矿石中未发现 Sc 的独立矿物，晴隆沙子矿中，Sc 以离子形式吸附存在于黏土矿物及褐铁矿中，以类质同象形式赋存于锐钛矿中。

　　（3）通过晴隆沙子矿常量元素地球化学特征、稀土元素地球化学特征、微量元素地球化学特征、锆石形态特征、微量元素、U-Pb 年龄、Hf 同位素及新鲜玄武岩、蚀变玄武岩和红土中磁铁矿的 Fe 同位素组成等研究，可获得如下认识：

　　① 从晴隆沙子钪矿区的矿化红土、蚀变玄武岩、枕状玄武岩及灰岩的稀土元素配分模式看出，晴隆沙子钪矿中赋矿红土为玄武岩风化的产物，而与下伏的茅口组灰岩没有成因联系。

　　② 晴隆沙子矿中的锆石外形呈棱角状或次棱角状，暗示锆石没有经过远距离

搬运，微量元素特征表明其为玄武岩岩浆锆石。

③ 晴隆沙子钪矿中的锆石 U-Pb 年龄为 259Ma，与 ELIP 的主喷发期一致。

④ 晴隆沙子钪矿中的锆石 Hf 同位素组成与其他 ELIP 玄武岩锆石基本相同。

⑤ 晴隆沙子钪矿的成矿物质来源于峨眉山玄武岩，矿石中形成正相关水平较高的 $Sc-TiO_2-Cu-Fe-Mn$ 元素组合。

⑥ 从磁铁矿 Fe 同位素组成中可以看出：

Fe 离子由二价铁变成三价铁，这表明晴隆沙子矿床的红土是玄武岩母岩在氧化环境下形成的。蚀变玄武岩具有较低的 $\delta^{56}Fe$ 值，同时 Fe 的含量与新鲜玄武岩几乎相同，说明整个体系为原位水解风化。

根据 Fe 同位素温度计，根据本次获得的蚀变玄武岩中磁铁矿的 Fe 同位素组成，推测蚀变流体的温度在 70～80℃。

含 Sc 红土中 $\delta^{56}Fe$ 值有明显降低，但 Fe 含量有明显增加，说明是其他元素如 Si、Na、Ca 等在水解风化过程中丢失的结果；易溶元素的迁移，是不易溶元素（如 Fe、Ti、Sc）富集的主要原因。

⑦ 从矿化红土中锆石的形态、年龄特征、Hf 同位素组成，推断峨眉山玄武岩是其母岩。玄武岩的风化水解可能是形成红土的主要原因，蚀变玄武岩被当成玄武岩风化水解为红土的中间产物。可推断，晴隆沙子钪矿床红土的形成与峨眉山玄武岩的水解风化有关。在氧化条件下，玄武岩与 80℃（或温度更高）的流体反应，斜长石和单斜辉石被彻底分解，形成高岭石，同时释放的 Fe^{2+} 被原地氧化为 Fe^{3+}，形成新的 Fe 氧化物。Sc 等成矿元素在水解过程中被释放出来，被 Fe 氧化物、黏土矿物等吸附，随着易溶组分的流失，在残留相中得到了相对富集。

（4）晴隆沙子独立钪矿床的钪矿只有在 O_2 供应充分、低温低压及弱碱性的环境下才能形成。因此，钪矿的形成必须具备以下 5 个地质条件：

① 物源比较单一。峨眉山玄武岩可能是其唯一的母岩，是提供钪矿形成的物质来源。

② 风化较为彻底。斜长石、单斜辉石和钛铁矿可以完全水解，形成黏土矿物和 Fe 氧化物时，使成矿元素重新分配，随着易溶元素的流失，不易溶的元素（如 Fe、Ti、Sc）相对富集。

③ 有大量的热流体参与。Fe 同位素组成表明，与玄武岩发生交代反应的流体温度应该在 70～80℃，甚至可能更高。热的流体一是能加速矿物风化水解；二是有利于锐钛矿的形成；三是能带走大量易溶物质，有利于不易溶元素的相对富集。

④ 氧化环境。Fe 同位素组成和全岩 Fe 含量变化表明，由单斜辉石分解释放的 Fe^{2+} 被原地氧化成 Fe^{3+}，然后形成沉淀；而且钛铁矿分解成锐钛矿，亦需要氧化环境。

⑤ 低温低压及弱碱性介质氧化环境长期存在,且该体系中成矿物质为原位风化水解,未发生成矿物质的带入和带出,使载钪矿物——锐钛矿能稳定存在。

(5)晴隆沙子钪矿区满足钪矿形成的5个地质条件。

晴隆沙子钪矿区有形成钪矿的物质来源,即形成钪矿床的Sc来源于峨眉山玄武岩。贵州晴隆地区于早中二叠世茅口晚期,正置滨岸潮坪相带上东吴运动地壳抬升的同时,伴随峨眉山玄武岩强烈喷发,峨眉山玄武岩火山喷发物滚落流入水体中势必浸变解体,暗色矿物辉石解离成绿泥石等,与辉石等矿物呈类质同象形式存在的Sc以Sc^{3+}的形式几乎可全部析出进入水体,为区内钪矿的形成提供了丰富的Sc来源。

贵州晴隆地区二叠系中统茅口组灰岩受峨眉地幔热柱活动地壳抬升的影响,其顶部裸露地表并发生岩溶作用,产生一个个相对孤立的喀斯特高地与喀斯特洼地的古地貌,形成一个个特殊的地球化学障。因近滨岸潮坪,喀斯特洼地部分有积水。晴隆沙子地区玄武岩富Na贫K,富含Na的长石在喀斯特洼地水体中浸变解体,K^+进入黏土矿物中,Na^+溶解于水中,使区内形成有特殊弱碱性水的喀斯特洼地地球化学障。加上该弱碱性水的岩溶洼地在地表氧化带,有充足的O_2,为钪矿(TiO_2)的形成准备了充分的条件。

区内成矿期峨眉山玄武浆喷发期是局部热源区,峨眉山玄武岩喷发高温火山物质落入喀斯特洼地水解形成地表热水。根据喀斯特洼地火山碎屑沉积物厚度推测,当时的水体有数十米深,具有一定的静压力,为低温低压环境,满足钪矿的生成条件。

(6)对晴隆沙子钪矿床成矿过程研究可知,整个成矿过程分为两个成矿阶段。

① 晚二叠世龙潭早期喷流热水沉积阶段。也是该矿床的主成矿期。晴隆沙子一带二叠系中统茅口组灰岩顶部因近滨岸潮坪,有多个古地貌喀斯特高地与喀斯特积水洼地。晚二叠世龙潭早期的峨眉山玄武岩浆强烈喷发,在晴隆沙子一带喷发数量不多的峨眉山玄武岩浆,滚落流入水体形成厚度不大的玄武岩层,它们与几十米深的海水发生强烈的反应而浸变解体,正因为这些玄武岩厚度不大,使玄武岩在海水中得到充分海解,辉石等矿物解离、萃取释放出大量Sc^{3+}及Ti^{4+},它们聚集于茅口组灰岩顶部古喀斯特积水洼地中;富含Na的长石等在喀斯特洼地水体中浸变解体,Na^+溶解于水中,使区内特殊的喀斯特洼地积水呈弱碱性水,在这种有利成矿的环境下,浸变解体出的Sc^{3+}形成$Sc(OH)_3$、Sc_2O_3胶体或络离子被氧化铁、锰土、黏土矿物吸附形成喷流热水沉积钪矿床。

② 新生代表生风化—淋滤—成土成矿富化阶段。喜山期新构造运动地壳快速抬升,使晴隆沙子钪矿体裸露地表,这些喷流热水沉积钪矿床在原地及附近进一步遭受长期的风化—淋滤—成土作用,强烈的红土化作用,导致大量活动性强的

杂质被带走，Sc 被黏土物质吸附保留下来，钪矿体在土层中得到进一步富化，形成残坡积型钪矿床。

晴隆沙子钪矿床成因为与峨眉山玄武岩喷发作用有关的喷流热水沉积-残坡积型钪矿床。

（7）综观晴隆沙子钪矿床地质特征、形成过程及成因机理，以及晴隆沙子锐钛矿床地质特征、形成过程及成因机理可知，两个矿床不仅产于同一矿区，而且属于相同的矿体；不仅矿石结构构造相同，而且矿石类型相同；不仅具有相同的成矿地质条件，而且是在同一地质成矿作用过程中形成的；两个矿床的 Sc、锐钛矿品位及规模都达到大型和独立开采程度。所以，晴隆沙子钪矿床、晴隆沙子锐钛矿床不仅是共生矿床，而且两个是各自独立的矿床。

（8）峨眉地幔热柱活动，其岩性主要是镁铁质喷出岩及其相伴生的侵入岩，因其从地幔带出多种成矿元素，以及其强烈的火山作用动力与能量，其活动周期长、多旋回，带来的成矿物质多，使其成矿地质作用复杂，因此重新审视峨眉地幔热柱对中国西部，尤其是对贵州西部成矿的贡献，已是若干地学者思考和研究的方向。

由于峨眉地幔热柱活动的周期长、多旋回，再加上贵州西部复杂的古地形地貌，使玄武岩喷发的物质与当时地面接触的界面差异，形成不同矿产资源。

本书能起到进一步启示研究者认真审视贵州西部峨眉山玄武岩的成矿贡献及其复杂性，开拓找矿新思路，指示该地区的矿床成因研究的作用。

（9）不足之处。

① 由于晴隆沙子钪矿石强风化，原岩氧化物都进一步风化，硫化物偶可见，因此难以进行一系列稳定同位素分析测试。

② 为了研究工作的完善，本书还进行了晴隆沙子钪矿床成矿的温压模拟实验研究。由于该矿床成矿条件的复杂性、成矿过程的长期性，有些影响或控制成矿的参数难以确定或模拟，故模拟实验效果不好，无法起到对晴隆沙子钪矿床形成的类比或印证作用。

参考文献

[1] 程代全. 以细屑岩为容矿层金矿的成矿条件及矿床模式探讨[J]. 贵州地质，1992（4）：307-314.

[2] 陈德潜，吴静淑. 离子吸附型稀土矿床的成矿机制[J]. 中国稀土学报，1990（2）：175-179.

[3] 陈焕疆. 华南区域地质和碳酸盐岩区油气普查勘探的几个问题（上）[J]. 地质科技情报，1986（3）：128-135.

[4] 陈骏，杨杰东，李春雷. 大陆风化与全球气候变化[J]. 地球科学进展，2001，16（3）：399-405.

[5] 陈志明. 沉积铁矿形成过程中的生物作用[J]. 地球科学进展，1992，7（6）：56-59.

[6] 崔萍萍，黄肇敏，周素莲. 我国铝土矿资源综述[J]. 轻金属，2008（2）：6-8.

[7] 都凯，陈旸，季峻峰，等. 中国东部玄武岩风化土壤的黏土矿物及碳汇地球化学研究[J]. 高校地质学报，2012，18（2）：256-272.

[8] 冯学仕，罗孝桓，邓小万，等. 贵州主要矿床成矿系列[J]. 贵州地质，2002，19（3）：141-147.

[9] 范蔚茗，王岳军，彭头平，等. 桂西晚古生代玄武岩 Ar-Ar 和 U-Pb 年代学及其对峨眉山玄武岩省喷发时代的约束[J]. 科学通报，2004，49（18）：1892-1900.

[10] 范亚洲，周伟，王子玺，等. 稀散元素钪的矿床类型及找矿前景[J]. 西北地质，2014，47（1）：234-243.

[11] 高帮飞，邓军，王庆飞，等. 风化作用元素迁移与金富集机制研究——以国内外典型红土型金矿床为例[J]. 黄金，2006，27（5）：9-12.

[12] 高灶其，樊克锋. 几内亚红土型铝土矿床地质特征[J]. 华东地质，2009，30（2）：115-118.

[13] 高振敏，张乾，陶琰，等. 峨眉山地幔柱成矿作用分析[J]. 矿物学报，2004，24（2）：99-104.

[14] 关广岳. 风化淋滤型富铁矿床的地球化学[J]. 地质与勘探，1976（8）：4-24.

[15] 贵州省地质矿产局. 中华人民共和国地质矿产部地质专报，贵州省区域地质志[M]. 北京：地质出版社，1987.

[16] 胡煜昭. 黔西南坳陷沉积盆地分析与锑、金成矿研究[D]. 昆明：昆明理工大学，2011.

[17] 胡煜昭，王津津，韩润生，等. 印支晚期冲断——褶皱活动在黔西南中部卡林型金矿成矿中的作用——以地震勘探资料为例[J]. 矿床地质，2011，30（5）：815-827.

[18] 黄成敏，龚子同，杨德涌. 海南岛北部玄武岩发育而成的土壤黏土矿物研究[J]. 西南农业学报，2001，14（12）：1-4.

[19]《矿产资源工业要求手册》编委会. 矿产资源工业要求手册[M]. 北京：地质出版社，2010.

[20] 吕宪俊，程希翱，周国华. 攀枝花铁矿石中钪的赋存状态研究[J]. 矿冶工程，1992（4）：35-39.

[21] 倪师军，刘显凡，金景福，等. 滇黔桂三角区微细粒浸染型金矿成矿流体地球化学[M]. 成都：成都科技大学出版社，1997.

[22] 黎彤，袁怀雨. 大洋岩石圈和大陆岩石圈的元素丰度[J]. 地球化学，2011（01）：1-5.

[23] 李存登. 黔西南区微细金矿地质特征及成因探讨[J]. 矿床地质，1987（3）：51-58.

[24] 李文亢，姜信顺，具然弘，等. 中国金矿主要类型区域成矿条件文集[M]// 6·黔西南地区. 北京：地质出版社，1989.

[25] 刘英俊. 元素地球化学[M]. 北京：地质出版社，1984.

[26] 廖春生，徐刚，贾江涛，等. 新世纪的战略资源——钪的提取与应用[J] . 中国稀土学报，2001（4）：289-297.

[27] 刘亚川. 中国西部重要共伴生矿产综合利用[M]. 北京：冶金工业出版社，2008.

[28] 刘东升，耿文辉. 我国卡林型金矿的地质特征、成因及找矿方向[J]. 地质与勘探，1987（12）：3-14.

[29] 刘发荣，田震远，李登科. 老挝南部地区红土风化壳残余型铝土矿矿床成因分析及找矿[J]. 中国非金属矿工业导刊，2008（6）：49-52.

[30] 刘特民，刘炳温，陈国栋，等. 南盘江盆地构造演化与油气保存区划分[J]. 天然气工业，2001，21（1）：18-23.

[31] 刘玉平，苏文超，皮道会，等. 滇黔桂低温成矿域基底岩石的锆石年代学研究[J]. 自然科学进展，2009，19（12）：1319-1325.

[32] 李小康，许秀莲. 溶剂萃取法提钪研究进展[J]. 江西理工大学学报，2005，26（3）：8-12.

[33] 李春昱，王荃，刘雪亚. 亚洲大地构造图说明书[M]. 北京：地图出版社，1982.

[34] 李伟强，顾连兴，唐俊华，等. 江西武山块状硫化物矿石表生风化过程中稀土元素地球化学行为[J]. 中国稀土学报，2006，24（3）：350-356.

[35] 李长民. 锆石成因矿物学与锆石微区定年综述[J]. 地质调查与研究，2009，32（3）：161-174.

[36] 李景阳，朱立军，王朝富，等. 碳酸盐岩风化壳与喀斯特成土作用研究[J]. 贵州地质，1986，13（2）：139-145.

[37] 梁有彬. 白云鄂博矿床中钪的分布特征及综合利用问题[J]. 稀土，1986（6）：56-58.

[38] 罗祖虞. 滇黔桂金三角金矿地质[M]. 昆明：云南民族出版社，1994.

[39] 刘建中. 贵州水银洞金矿床矿石特征及金的赋存状态[J]. 贵州地质，2003，20（1）：30-34.

[40] 刘巽峰，陶平. 贵州火山凝灰岩型金矿地质特征及找矿意义[J]. 中国地质，2001（1）.

[41] 廖义玲，朱立军. 贵州碳酸盐岩红土[M]. 贵阳：贵州人民出版社，2004.

[42] 廖宝丽. 贵州二叠纪碱性玄武岩的岩石学和地球化学研究[D]. 北京：中国地质大学，2013.

[43] 马力，陈焕疆，甘克文，等. 中国南方大地构造和海相油气地质[M]. 北京：地质出版社，2004.

[44] 马毅杰，罗家贤，蒋梅茵，等. 我国南方铁铝土矿物组成及其风化和演变[J]. 沉积学报，1999（a12）：681-686.

[45] 牛数银，李红阳，孙爱群，等. 幔枝构造理论与找矿实践[M]. 北京：地震出版社，2002.

[46] 聂爱国，谢宏. 峨眉山玄武岩浆与贵州高砷煤成因研究[J]. 煤田地质与勘探，2004，32（1）：8-10.

[47] 聂爱国，黄志勇，谢宏. 黔西南地区高砷煤与金矿的成因研究[J]. 湖南科技大学学报（自然科学版），2006，21（3）：21-25.

[48] 聂爱国，秦德先，管代云，等. 峨眉山玄武岩浆喷发对贵州西部区域成矿贡献研究[J]. 地质与勘探，2007，43（2）：50-54.

[49] 聂爱国. 峨眉地幔热柱活动形成黔西南卡林型金矿成因机制[M]. 贵阳：贵州科技出版社，2009.

[50] 聂爱国，李俊海，欧文，等. 黔西南成矿特殊性研究[J]. 黄金，2008，29（3）：4-8.

[51] 聂爱国，张竹如. 贵州贞丰水银洞金矿成矿地质条件研究[J]. 黄金，2006，27（6）：5-9.

[52] 聂爱国，亢庚著. 贵州峨眉山玄武岩差异性成矿研究[M]. 贵阳：贵州科技出版社，2014.

[53] 聂爱国，张敏，张竹如. 贵州晴隆沙子锐钛矿矿床成因机制研究[M]. 北京：科学出版社，2015.

[54] 潘华. 广西云开地区风化壳离子吸附型稀土矿矿床特征及成矿模式[J]. 南方国土资源，2011（9）：37-40.

[55] 苏文超，杨科佑，胡瑞忠，等. 中国西南部卡林型金矿床流体包裹体年代学研究——以贵州烂泥沟大型卡林型金矿床为例[J]. 矿物学报，1998（3）：359-362.

[56] 孙庆峰，CHRISTOPHE C，陈发虎，等. 气候环境变化研究中影响黏土矿物形成及其丰度因素的讨论[J]. 岩石矿物学杂志，2011，30（2）：291-300.

[57] 宋谢炎，侯增谦，曹志敏，等. 峨眉大火成岩省的岩石地球化学特征及时限[J]. 地质学报，2001，75（4）：498-506.

[58] 宋谢炎，侯增谦，汪云亮，等. 峨眉山玄武岩的地幔热柱成因[J]. 矿物岩石，2002，22（4）：27-32.

[59] 谭运金. 滇黔桂地区微细粒浸染型金矿床的矿床地球化学类型[J]. 矿床地质，1994（4）：308-321.

[60] 涂光炽. 地幔柱成岩成矿若干问题讨论，贵州省第二届矿产资源战略发展研讨会（内部刊物）[C]. 贵阳，2005.

[61] 涂光炽. 我国原生金矿类型的划分和不同类型金矿的远景剖析[J]. 矿产与地质，1990，4（1）：1-10.

[62] 涂光炽. 西南秦岭与西南贵州铀金成矿带及其与美国西部卡林型金矿的类似性[J]. 铀矿地质，1990，6（6）：321-325.

[63] 涂光炽. 超大型矿床的探寻与研究的若干进展[J]. 地学前缘，1994（3）.

[64] 陈毓川. 当代矿产资源勘查评价的理论与方法[M]. 北京：地震出版社，1999.

[65] 涂光炽. 低温地球化学[M]. 北京：科学出版社，1998.

[66] 涂光炽，王秀璋，陈先沛，等. 中国层控矿床地球化学（第三卷）[M]. 北京：科学出版社，1988.

[67] 赵长有. 白云鄂博钪[J]. 包钢科技，1987（4）：3-6.

[68] 刘亚川. 中国西部重要共伴生矿产综合利用[M]. 北京：冶金工业出版社，2008.

[69] 王砚耕. 贵州构造基本格架及其特征.贵州区域构造矿田构造学术讨论会论文集[M]. 贵阳：贵州科技出版社，1992.

[70] 王瑞江，王登红，李建康，等. 稀有稀土稀散矿产资源及其开发利用[M]. 北京：地质出版社，2015.

[71] 王登红. 地幔柱及其成矿作用[M]. 北京：地震出版社，1998.

[72] 王登红，林文蔚，杨建民，等. 试论地幔柱对于我国两大金矿集中区的控制意义[J]. 地球学报，1999，20（2）：157-162.

[73] 王登红. 地幔柱的识别及其在大规模成矿研究中应注意的问题[J]. 地球学报，1999，20（增刊）：426-432.

[74] 王登红. 地幔柱的概念、分类、演化与大规模成矿——对中国西南部的探讨[J]. 地学前缘，2001，8（3）：67-72.

[75] 王登红. 贵州寻找铂族元素矿床的思考[J]. 贵州地质，2003，20（3）：127-131.

[76] 王登红，李建康，王成辉，等. 与峨眉地幔柱有关年代学研究的新进展及其意义[J]. 矿床地质，2007，26（5）：550-556.

[77] 吴澄宇，黄典豪，郭中勋. 江西龙南地区花岗岩风化壳中稀土元素的地球化学研究[J]. 地质学报，1989（4）：349-362.

[78] 吴浩若. 晚古生代——三叠纪南盘江海的构造古地理问题[J]. 古地理学报，2003，5（1）：63-76.

[79] 吴元保，郑永飞. 锆石成因矿物学研究及其对 U-Pb 年龄解释的制约[J]. 科学通报，2004，49（16）：1589-1604.

[80] 徐廷华，邓佐国. 从钨渣浸出液中提取钪的研究[J]. 有色金属科学与工程，1997（4）：32-36.

[81] 徐刚. 我国钪资源开发利用的战略思考[EB/OL]. 中国选矿技术网，2007-8-14. http//www.mining120.com/html/0708/20070814_10150.asp.

[82] 徐义刚，钟孙霖. 峨眉山大火成岩省：地幔柱活动的证据及其熔融条件[J]. 地球化学，2001，30（1）：1-9.

[83] 徐义刚. 地幔柱构造、大火成岩省及其地质效应[J]. 地学前缘，2002，9（4）：341-352.

[84] 徐义刚，梅厚钧，许继峰，等. 峨眉山火成岩省中两类岩浆分异趋势及其成因[J]. 科学通

报，2003，48（4）：383-387.

[85] 徐义刚，何斌，黄小龙，等. 地幔柱大辩论及如何验证地幔柱假说[J]. 地学前缘，2007，14（2）：3-11.

[86] 徐义刚，何斌，罗震宇，等. 我国大火成岩省和地幔柱研究进展与展望[J]. 矿物岩石地球化学通报，2013，32（1）：25-39.

[87] 杨竹森，高振敏，罗泰义，等. 滇西菲红超基性岩风化壳铂族元素地球化学行为[J]. 矿物学报，2001，21（4）：625-630.

[88] 于鑫，杨江海，刘建中，等. 黔西南晚二叠世龙潭组物源分析及区域沉积古地理重建[J]. 地质学报，2017，91（6）：1374-1385.

[89] 云南省地质矿产局. 中华人民共和国地质矿产部地质专报.云南省区域地质志[M]. 北京：地质出版社，1990.

[90] 易宪武，黄春辉，王慰. 钪稀土元素[M]. 北京：科学出版社，1992.

[91] 曾允孚，刘文均，陈洪德，等. 华南右江复合盆地的沉积构造演化[J]. 地质学报，1995（2）：113-124.

[92] 朱敏杰，沈春英，邱泰. 稀有元素钪的研究现状[J]. 材料导报，2006，20（S1）：379-381.

[93] 张玉学. 分散元素钪的矿床类型与研究前景[J]. 地质地球化学，1997（4）：93-96.

[94] 张春生. 四川省越西地区峨眉山玄武岩地质及地球化学特征研究[D]. 成都：成都理工大学，2016.

[95] 张腊梅. 贵州省大方县二叠纪玄武岩地球化学特征研究[D]. 成都：成都理工大学，2015.

[96] 张敏. 贵州晴隆沙子钪矿矿床成因机制研究[D]. 贵阳：贵州大学，2014.

[97] 张敏，聂爱国，谢飞，等. 贵州晴隆沙子大型钪矿矿床的发现及开发利用研究[J]. 矿业研究与开发，2015（1）：6-9.

[98] 张敏，聂爱国，张竹如. 贵州晴隆沙子锐钛矿矿床与黔西南红土型金矿床的成矿差异性[J]. 地质科技情报，2016（5）：126-130.

[99] 张汝藩. 扫描电镜在矿物变化研究中的应用——长石的黏土矿物转化[J]. 地质科学，1992（1）：66-70.

[100] 朱江，张招崇，侯通，等. 贵州盘县峨眉山玄武岩系顶部凝灰岩 LA-ICP-MS 锆石 U-Pb 年龄：对峨眉山大火成岩省与生物大规模灭绝关系的约束[J]. 岩石学报，2011，27（9）：2743-2751.

[101] 周永益. 离子交换分离钪[J]. 有色金属科学与工程，1991（4）：23.

[102] AIGLSPERGER T, PROENZA J A, LEWIS J F, et al. Critical Metals(REE, Sc, PGE)in Ni Laterites from Cuba and the Dominican Republic[J]. Ore Geology Reviews, 2016, 73: 127-147.

[103] AMELIN Y, LEE D C, HALLIDAY A N, et al. Nature of the Earth's Earliset Crust from Hafnium Isotopes in Single Detrital Zircons[J]. Nature, 1999, 399: 252-255.

[104] ANAND R, GILKES R. Weathering of Ilmenite in a Lateritic Pallid Zone[J]. Clays and Clay Minerals, 1984, 32: 363-374.

[105] ANBAR A D, JARZECKI A A, SPIRO T G. Theoretical Investigation of Iron Isotope Fractionation between $Fe(H_2O)63+$ and $Fe(H2O)62+$: Implications for Iron Stable Isotope Geochemistry[J]. Geochimica et Cosmochimica Acta, 2005, 69: 825-837.

[106] ANBAR A D, ROUXEL O. Metal Stable Isotopes in Paleocenography[J]. Annual Reivew of Earth and Planetary Sciences, 2007, 35: 717-746.

[107] ANDERSEN T. Correction of Common Lead in U-Pb Analyses that do not Report 204Pb[J]. Chemical Geology, 2002, 192: 59-79.

[108] BALCI N, BULLEN T D, WITTE-LIEN K, et al. Iron Isotope Fractionation during Microbially Stimulated Fe(II)Oxidation and Fe(III)Precipitation[J]. Geochimica et Cosmochimica Acta, 2006, 70: 622-639.

[109] BARNARD A S, CURTISS L A. Prediction of TiO_2 Nanoparticle Phase and Shape Transitions Controlled by Surface Chemistry[J]. Nano Letters, 2005, 5: 1261-1266.

[110] BEARD B L, JOHNSON C M. Iron Isotope Variations in the Modern and Ancient Earth and other Planetary Bodies[J]. Reviews in Mineralogy and Geochemistry, 2004, 55: 319-357.

[111] BEARD B L, JOHNSON C M, SKULAN J L, et al. Application of Fe Isotopes to Tracing the Geochemical and Biological Cycling of Fe[J]. Chemical Geology, 2003, 195: 87-117.

[112] BELOUSOVA E A, GRIFFIN W L, O'REILLY S Y, et al. Igneous Zircon: Trace Element Composition as an Indicator of Source Rock Type[J]. Contributions to Mineralogy and Petrology, 2002, 143: 602-622.

[113] BEUKES N J, GUTZMER J, MUKHOPADHYAY J. The Geology and Genesis of High-Grade Hematite Iron Ore Deposits[J]. Applied Earth Science, 2003, 112: 18-25.

[114] BOUVIER A, VERVOORT J D, PATCHETT P J. The Lu-Hf and Sm-Nd isotopic composition of CHUR: Constraints from unequilibrated chondrites and implications for the bulk composition of terrestrial planets[J]. Earth and Planetary Science Letters, 2008, 273: 48-57.

[115] BOYD R, BARNES S J, DE CARITAT P, et al. Emissions from the copper-nickel industry on the Kola Peninsula and at Noril'sk, Russia[J]. Atmospheric Environment, 2009, 43: 1474-1480.

[116] BRANTLEY S L, LIERMANN L J, BULLEN T D. Fractionation of Fe isotopes by soil microbes and orgranic acids[J]. Geology, 2001, 29: 535-538.

[117] BRANTLEY S L, LIERMANN LJ, GUYNN R L,et al. Fe isotopic fractionation during mineral dissolution with and without bacteria[J]. Geochimica et Cosmochimica Acta, 2004, 68: 3189-3204.

[118] BRYAN S E, ERNST R E. Revised definition of Large Igneous Provinces(LIPs)[J].

Earth-Science Reviews, 2008, 86: 175-202.

[119] BULLEN T D, WHITE A F, CHILDS C W, et al. Demostration of significant abiotic iron isotope fractionation in nature[J]. Geology, 2001, 29: 699-702.

[120] CABRAL A R, ROCHA F, JONES R D. Hydrothermal origin of soft hematite ore in the Quadrilatero Ferrifero of Minas Gerais, Brazil: petrographic evidence from the Gongo Soco iron ore deposit[J]. Applied Earth Science: IMM transactions section B, 2003, 112: 279-286.

[121] CAMPBELL I H, GRIFFITHS R W. Implications of Mantle plume structure for the evolution of flood basalts[J]. Earth and Planetary Science Letters, 1990, 99: 79-93.

[122] CHAPMAN J B, WEISS D J, SHAN Y, et al. Iron isotope fractionation during leaching of granite and basalt by hydrochloric and oxalic acids[J]. Geochimica et Cosmochimica Acta, 2009, 73: 1312-1324.

[123] CHASSE M, GRIFFIN W L, O'REILLY S Y, et al. Scandium speciation in a world-class lateritic deposit[J]. Geochemical Perspective Letters, 2017, 3: 105-114.

[124] CHEN L M, SONG X Y, ZHU X K, et al. Iron isotope fractionation during crystallization and sub-solidus re-equilibration: Constraints from the BaimaMafic layered intrusion, SW China[J]. Chemical Geology, 2014, 380: 97-109.

[125] CHERNIAK D J, WATSON E B. Diffusion in Zircon[J]. Reviews in Mineralogy and Geochemistry, 2003, 53: 113-143.

[126] CHU N C, JOHNSON C M, BEARD B L, et al. Evidence for hydrothermal venting in Fe isotope compositions of the deep Pacific Ocean through time[J]. Earth and Planetary Science Letters, 2006, 245: 202-217.

[127] CLAYTON R E, HUDSON-EDWARDS K A, MALINOVSKY D, et al. Fe isotope fractionation during the precipitation of ferrihydrite and transformation of ferrihydrite to goethite[J]. Mineralogical Magazine, 2005, 65(5): 667-676.

[128] COLIN F, NAHON D, TRESCASSES J J, et al. Lateritic weathering of pyroxenites at Niquelandia, Goias, Brazil; the supergene behavior of nickel[J]. Economic Geology, 1990, 85: 1010-1023.

[129] COMPSTON W, WILLIAMS I S, KIRSCHVINK J L, et al. Zircon U-Pb ages for the Early Cambrian time-scale[J]. Journal of the Geological Society, 1992, 149: 171-184.

[130] CORFU F, HANCHAR J M, HOSKIN P W O, et al. Atlas of Zircon Textures[J]. Reviews in Mineralogy and Geochemistry, 2003, 53: 469-500.

[131] CHASSé M, GRIFFIN W L, O'REILLY S Y, et al. Scandium speciation in a world-class lateritic deposit[J]. Geochemical Perspectives Letters, 2017: 105-114.

[132] DALVI A D, BACON W G, OSBORN R C. The past and the future of Nickel laterites[C].

PDAC 2004 Internatioanl Convention, 2004: 1-27.

[133] DENNEN W H, NORTON H A. Geology and geochemsitry of bauxite deposits in the lower Amazon basin[J]. Economic Geology, 1977, 72: 82-89.

[134] DIDERIKSEN K, BAKER J A, STIPP S L S. Iron isotopes in natural carbonate minerals determined by MC-ICP-MS with a 58Fe-54Fe double spike[J]. Geochimica et Cosmochimica Acta, 2006, 70: 118-132.

[135] FAN W M, WANG Y J, PENG T P, et al. Ar-Ar and U-Pb geochronology of Late Paleozoic basalts in western Guangxi and its constraints on the eruption age of Emeishan basaltMagmatism[J]. Chinese Science Bulletin, 2004, 49: 2318-2327.

[136] FORCE E R. Geology of titanium-mineral deposits[M]. Geological Society of America, 1991.

[137] FREYSSINET P, BUTT C, MORRIS R C, et al. Ore-forming processes related to lateritic weathering[J]. Economic Geology 100th anniversary volume, 2005: 681-722.

[138] FRIERDICH A J, BEARD B L, SCHERER M M, et al. Determination of the Fe(II)aq - magnetite equilibrium iron isotope fractionation factor using the three-isotope method and a multi-direction approach to equilibrium[J]. Earth and Planetary Science Letters, 2014, 391: 77-86.

[139] GUO G Y, CHEN Y L, LI Y. 1988. Solvent extraction of scandium from wolframite residue[J]. JOM, 40(7): 28-31.

[140] GRIFFIN W L, PEARSON N J, BELOUSOVA E, et al. The Hf isotope composition of cratonicMantle: LAM-MC-ICPMS analysis of zircon megacrysts in kimberlites[J]. Geochimica et Cosmochimica Acta, 2000, 64: 133-147.

[141] HANCHAR J M, MILLER C F. Zircon zonation patterns as revealed by cathodoluminescence and backscattered electron images: Implications for interpretation of complex crustal histories[J]. Chemical Geology, 1993, 110: 1-13.

[142] HANCHAR J M, RUDNICK R L. Revealing hidden structures: The application of cathodoluminescence and back-scattered electron imaging to dating zircons from lower crustal xenoliths[J]. Lithos, 1995, 36: 289-303.

[143] HE B, XU Y G, CHUNG S L, et al. Sedimentary evidence for a rapid, kilometer-scale crustal doming prior to the eruption of the Emeishan flood basalts[J]. Earth and Planetary Science Letters, 2003, 213: 391-405.

[144] HE B, XU Y G, GUAN J P, et al. Paleokarst on the top of theMaokou Formation: Further evidence for domal crustal uplift prior to the Emeishan flood volcanism[J]. Lithos, 2010, 119: 1-9.

[145] HE B, XU Y G, HUANG X L, et al. Age and duration of the Emeishan flood volcanism, SW China: Geochemistry and SHRIMP zircon U-Pb dating of silicic ignimbrites, post-volcanic Xuanwei Formation and clay tuff at the Chaotian section[J]. Earth and Planetary Science Letters, 2007, 255: 306-323.

[146] HE B, XU Y G, WANG Y M, et al. Sedimentation and Lithofacies Paleogeography in Southwestern China Before and After the Emeishan Flood Volcanism: New Insights into Surface Response toMantle Plume Activity[J]. The Journal of Geology 2006, 114: 117-132.

[147] HEAMAN L, PARRISH R U. U-Pb geochronology of accessory minerals[M]. Mineralogical Association of Canada, Torondo, 1991.

[148] HEMLEY J J, CYGAN G L, FEIN J B, et al. Hydrothermal ore-forming processes in the light of studies in rock-buffered systems: I. Iron-copper-zinc-lead sulfide solubility relations[J]. Economic Geology, 1992, 87: 1-22.

[149] HEDRICK J B. Scandium Mineral Commodity Summaries[M]. U. S：Geological Survey, 2010.

[150] IRVINE J T S, POLITOVA T, ZAKOWSKY N, et al. Scandia-Zirconia Electrolytes and Electrodes for SOFCS[C]. In: Proceedings of the NATO Advanced Research Workshop on Fuel Cell Technologies: State and Perspectives. Kyiv, Ukraine, 202: 35-47.

[151] HOSKIN P W O, IRELAND T R. Rare earth element chemistry of zircon and its use as a provenance indicator[J]. Geology, 2000, 28: 627-630.

[152] JI H, OUYANG Z, WANG S, et al. Element geochemistry of weathering profile of dolomitite and its implications for the average chemical composition of the upper-continental crust[J]. Science in China Series D: Earth Sciences, 2000, 43: 23-35.

[153] JOHNSON C M, RODEN E E, WELCH S A, et al. Experimental constraints on Fe isotope fractionation duringMagnetite and Fe carbonate formation coupled to dissimilatory hydrous ferric oxide reduction[J]. Geochimica et Cosmochimica Acta, 2005, 69: 963-993.

[154] JOHNSON C M, SKULAN J L, BEARD B L, et al. Isotopic fractionation between Fe(III)and Fe(II)in aqueous solutions[J]. Earth and Planetary Science Letters, 2002, 195: 141-153.

[155] JONG HYEON L, BYRNE R H. Complexation of trivalent rare earth elements(Ce, Eu, Gd, Tb, Yb)by carbonate ions[J]. Geochimica et Cosmochimica Acta, 1993, 57: 295-302.

[156] KASSIM A, GOFAR N, LEE L M, et al. Modeling of suction distributions in an unsaturated heterogeneous residual soil slope[J]. Engineering Geology, 2012, 131-132: 70-82.

[157] KICZKA M, WIEDERHOLD J G, FROMMER J, et al. Iron isotope fractionation during proton and ligand-promoted dissolution of primary phyllosilicates[J]. Geochimica et Cosmochimica Acta, 2010, 74: 3112-3128.

[158] KLEIN C, LADEIRA E A. Geochemistry and petrology of some Proterozoic banded

iron-formations of the Quadilatero Ferrifero, Minas Gerais, Brazil[J]. Economic Geology, 2000, 95: 405-427.

[159] LEVASSEUR S, FRANK M, HEIN J R, et al. The global variation in the iron isotope composition of Marine hydrogenetic ferromanganese deposits: implications for seawater chemistry [J]. Earth and Planetary Science Letters, 2004, 224: 91-105.

[160] LEVCHENKO A A, LI G, BOERIO-GOATES J, et al. TiO_2 Stability Landscape: Polymorphism, Surface Energy, and Bound Water Energetics[J]. Chemistry of Materials, 2006, 18: 6324-6332.

[161] LIU K, CHEN Q, HU H, et al. Characterization and leaching behaviour of lizardite in Yuanjiang laterite ore[J]. Applied Clay Science, 2010a, 47: 311-316.

[162] LIU S, SU W, HU R, et al. Geochronological and geochemical constraints on the petrogenesis of alkaline ultramafic dykes from southwest Guizhou Province, SW China[J]. Lithos, 2010b, 114: 253-264.

[163] LIU Y, HU Z, GAO S, et al. In situ analysis of Major and trace elements of anhydrous minerals by LA-ICP-MS without applying an internal standard[J]. Chemical Geology, 2008, 257: 34-43.

[164] LO C H, CHUNG S L, LEE T Y, et al. Age of the Emeishan floodMagmatism and relations to Permian-Triassic boundary events[J]. Earth and Planetary Science Letters, 2002, 198: 449-458.

[165] LUDWIG K R. User's Manual for Isoplot 3.00: a geochronological toolkit for Microsoft Excel[J]. Berkeley Geochronology Center Special Publication, 2003, 4: 1-70.

[166] LUO Z Y, XU Y G, HE B, et al. Geochronologic and petrochemical evidence for the genetic link between theMaomaogou nepheline syenites and the Emeishan large igneous province[J]. Chinese Science Bulletin, 2007, 52: 949-958.

[167] LARSEN E S. Petrographic province of Central Montana[J]. Geological Society of America Bulletin, 1940, 51(2): 213-273.

[168] MCGUIRE, JOSEPH C；KEMPTER, et al. Preparation and Properties of Scandium Dihydride[J]. Journal of Chemical Physics. 1960, 33: 1584-1585. doi: 10.1063/1.1731452.

[169] MACLEAN W H, BONAVIA F F, SANNA G. Argillite debris converted to bauxite during karst weathering: evidence from immobile element geochemistry at the Olmedo Deposit, Sardinia[J]. Mineralium Deposita, 1997, 32: 607-616.

[170] MAULANA A, SANEMATSU K, SAKAKIBARA M. An overview on the possibility of Scandium and REE occurrence in Sulawesi, Indoesia[J]. Indonesian Journal on Geoscience, 2016, 3: 139-147.

[171] MCLENNAN S M. Weathering and Global Denudation[J]. The Journal of Geology, 1993, 101: 295-303.

[172] MOJZSIS S J, HARRISON T M. Establishment of a 3.83-GaMagmatic age for the Akilia tonalite(southern West Greenland)[J]. Earth and Planetary Science Letters, 2002, 202: 563-576.

[173] NAVROTSKY A. Energetics of nanoparticle oxides: interplay between surface energy and polymorphism[J]. Geochemical Transactions, 2003, 4: 34-37.

[174] NICHOLS O G, NICHOLS F M. Long-Term Trends in Faunal Recolonization After Bauxite Mining in the Jarrah Forest of Southwestern Australia[J]. Restoration Ecology, 2003, 11: 261-272.

[175] POITRASSON F, HALLIDAY A N, LEE D C, et al. Iron isotope differences between Earth, Moon, Mars and Vesta as possible records of contrasted accretion mechanisms[J]. Earth and Planetary Science Letters, 2004, 223: 253-266.

[176] POITRASSON F, HANCHAR J M, SCHALTEGGER U. The current state and future of accessory mineral research[J]. Chemical Geology, 2002, 191: 3-24.

[177] POLYAKOV V B. Equilibrium fractionation of the iron isotopes: Estimation from Mössbauer spectroscopy data[J]. Geochimica et Cosmochimica Acta, 1997, 61: 4213-4217.

[178] POLYAKOV V B, MINEEV S D. The use of Mössbauer spectroscopy in stable isotope geochemistry[J]. Geochimica et Cosmochimica Acta, 2000, 64: 849-865.

[179] POWELL C M, OLIVER N H S, LI Z X, et al. Synorogenic hydrothermal origin for giant Hamersley iron oxide ore bodies[J]. Geology, 1999, 27: 175-178.

[180] RAO W B, GAO Z M, YANG Z S, et al. Geology and geochemistry of the Shangmanggang red clay-type gold deposit in West Yunnan[J]. Journal of Geochemical Exploration, 2004, 84: 105-125.

[181] REICH M, CHRYSSOULIS S L, DEDITIUS A, et al. "Invisible" silver and gold in supergene digenite(Cu1.8S)[J]. Geochimica et Cosmochimica Acta, 2010, 74: 6157-6173.

[182] ROWLEY D B, XUE F, TUCKER R D, et al. Ages of ultrahigh pressure metamorphism and protolith orthogneisses from the eastern Dabie Shan: U/Pb zircon geochronology[J]. Earth and Planetary Science Letters, 1997, 151: 191-203.

[183] RUBATTO D, GEBAUER D. Use of Cathodoluminescence for U-Pb Zircon Dating by Ion Microprobe: Some Examples from the Western Alps[G]. In: Pagel, M., Barbin, V., Blanc, P., Ohnenstetter, D.(Eds.), Cathodoluminescence in Geosciences. Springer Berlin Heidelberg, Berlin, Heidelberg, 2000: 373-400.

[184] SAGAPOA C V, IMAI A, WATANABE K. Laterization process of ultramafic rocks in Siruka, Solomon Islands(Papers reported in the 6th international symposium on "novel carbon resource sciences")[J]. Journal of Novel Carbon Resource Sciences, 2011, 3: 32-39.

[185] SANTOSH M, OMANA P K. Very high purity gold form lateritic weathering profiles of

Nilambur, southern India[J]. Geology, 1991, 19: 746-749.

[186] SCHAUBLE E A, ROSSMAN G R, TAYLOR H P. Theoretical estimates of equilibrium Fe-isotope fractionations from vibrational spectroscopy[J]. Geochimica et Cosmochimica Acta, 2001, 65: 2487-2497.

[187] SUN J, ZHAO J, NIE A. Zircon U-Pb dating and whole-rock elemental geochemistry of the Shazi anatase deposit in Qinglong, Western Guizhou, SW China [J]. Acta Geochimica, 2017, 36: 329-338.

[188] SUN J, NIE A, GUO I. Occurrence of A Large-Scale Scandium Deposit in Guizhou, SW China [J]. Boletín Técnico, 2017, 55: 138-143.

[189] SCHELLMANN W. Geochemical differentiation in laterite and bauxite formation[J]. Catena, 1994, 21: 131-143.

[190] SCHERER E, MUNKER C, MEZGER K. Calibration of the Lutetium-Hafnium clock[J]. Science, 2001, 293: 683-687.

[191] SCHROEDER P A, PRUETT R J, MELEAR N D. Crystal-Chemical Changes in an Oxidative Weathering Front in a Georgia Kaolin Deposit[J]. Clays and Clay Minerals, 2004, 52: 211-220.

[192] SHELLNUTT J G, DENYSZYN S W, MUNDIL R. Precise age determination of Mafic and felsic intrusive rocks from the Permian Emeishan large igneous province(SW China)[J]. Gondwana Research, 2012, 22: 118-126.

[193] SHELLNUTT J G, ZHOU M F. Permian peralkaline, peraluminous and metaluminous A-type granites in the Panxi district, SW China: Their relationship to the EmeishanMantle plume[J]. Chemical Geology, 2007, 243: 286-316.

[194] SHELLNUTT J G, ZHOU M F, YAN D P, et al. Longevity of the Permian EmeishanMantle plume(SW China): 1Ma, 8Ma or 18Ma [J]. GeologicalMagazine, 2008, 145: 373-388.

[195] SKULAN J L, BEARD B L, JOHNSON C M. Kinetic and equilibrium Fe isotope fractionation between aqueous Fe(III)and hematite[J]. Geochimica et Cosmochimica Acta, 2002, 66: 2995-3015.

[196] SMITH S J, STEVENS R, LIU S, et al. Heat capacities and thermodynamic functions of TiO_2 anatase and rutile: Analysis of phase stability[J]. American Mineralogist, 2009, 94: 236-243.

[197] SOLER J M, CAMA J, Galí S, et al. Composition and dissolution kinetics of garnierite from the Loma de Hierro Ni-laterite deposit, Venezuela[J]. Chemical Geology, 2008, 249: 191-202.

[198] SONG X Y, ZHOU M F, CAO Z M, et al. Ni-Cu-(PGE)magmatic sulfide deposits in the Yangliuping area, Permian Emeishan igneous province, SW China[J]. Mineralium Deposita, 2003, 38: 831-843.

[199] SHALOMEEV V A, LYSENKO N A, TSIVIRKO E I, et al. 2008. Structure and properties

ofMagnesium alloys with scandium[J]. Metal Science and Heat Treatment, 50(1-2): 34-37.

[200] SMITH R E. Diatomic Hydride and Deuteride Spectra of the Second Row Transition Metals. Proceedings of the Royal Society of London[J]. Series A, Mathematical and Physical Sciences. 1973, 332(1588): 113-127. doi: 10.1098/rspa.1973.0015.

[201] ŞERIF K, CARSTEN D, SRECKO S, et al. Concentration and Separation of Scandium from Ni Laterite Ore Processing Streams, Serif[J]. Metals-Open Access Metallurgy Journal, 2017, 7(12).

[202] TAYLOR P D P, MAECK R, De BièVRE P. Determination of the absolute isotopic composition and Atomic Weight of a reference sample of natural iron[J]. International Journal of Mass Spectrometry and Ion Processes, 1992, 121: 111-125.

[203] TAYLOR S R, MCLENNAN S M. The Continental Crust: Its Composition and Evolution, An Examination of the Geochemical Record Preserved in Sedimentary Rocks[M]. Blackwell Scientific Pub, 1985.

[204] THORNE R L. Nickel laterites, origin and climate[D]. Southampton: University of Southampton, 2011.

[205] TRAORé D, BEAUVAIS A, CHABAUX F, et al. Chemical and physical transfers in an ultramafic rock weathering profile: Part 1. Supergene dissolution of Pt-bearing chromite[J]. American Mineralogist, 2008, 91: 31-38.

[206] VASCONCELOS P, RICHARD K J. Supergene geochemistry and crystal morphology of gold in a semiarid weathering environment: application to gold exploration[J]. Journal of Geochemical Exploration, 1991, 40: 115-132.

[207] VON BLANCKENBURG F, MaMBERTI M, SCHOENBERG R, et al. The iron isotope composition of microbial carbonate[J]. Chemical Geology, 2008, 249: 113-128.

[208] WANG Q, DENG J, LIU H, et al. Fractal models for estimating local reserves with different mineralization qualities and spatial variations[J]. Journal of Geochemical Exploration, 2011, 108: 196-208.

[209] WELCH S A, BEARD B L, JOHNSON C M, et al. Kinetic and equilibrium Fe isotope fractionation between aqueous Fe(II)and Fe(III)[J]. Geochimica et Cosmochimica Acta, 2003, 67: 4231-4250.

[210] WIEDERHOLD J G, KRAEMER S M, TEUTSCH N, et al. Iron isotope fractionation during proton-promoted, ligand-controlled, and reductive dissolution of Goethite[J]. Environmental Science & Technology, 2006, 40: 3787-3793.

[211] WIESLI R A, BEARD B L, JOHNSON C M. Experimental determination of Fe isotope fractionation between aqueous Fe(II), siderite and "green rust" in abiotic systems[J].

Chemical Geology, 2004, 211: 343-362.

[212] WOODHEAD J D, HERGT J M. A Preliminary Appraisal of Seven Natural Zircon ReferenceMaterials for In Situ Hf Isotope Determination[J]. Geostandards and Geoanalytical Research, 2005, 29: 183-195.

[213] WEAST, ROBERT C, et al. CRC Handbook of Chemistry and Physics. 59th ed. West Palm Beach, FL: CRC Press, 1978.

[214] XU Y G, LUO Z Y, HUANG X L, et al. Zircon U-Pb and Hf isotope constraints on crustal melting associated with the EmeishanMantle plume[J]. Geochimica et Cosmochimica Acta, 2008, 72: 3084-3104.

[215] XU Y, CHUNG S L, JAHN B M, et al. Petrologic and geochemical constraints on the petrogenesis of Permian-Triassic Emeishan flood basalts in southwestern China[J]. Lithos, 2001, 58: 145-168.

[216] YOUNG R W, COPE S, PRICE D M, et al. Character and Age of Lateritic Weathering at Jervis Bay, Southern New South Wales[J]. Australian Geographical Studies, 1996, 34: 237-246.

[217] ZHAI Y C, MU W N, LIU Y, et al. A green process for recovering nickel from nickeliferous laterite ores[J]. Transactions of Nonferrous Metals Society of China, 2010, 20: s65-s70.

[218] ZHANG H Z, BANFIELD J. Thermodynamic analysis of phase stability of nanocrystalline titania[J]. Journal ofMaterials Chemistry, 1998, 8: 2073-2076.

[219] ZHANG H, BANFIELD J F. Understanding Polymorphic Phase Transformation Behavior during Growth of Nanocrystalline Aggregates: Insights from TiO_2[J]. The Journal of Physical Chemistry B, 2000, 104: 3481-3487.

[220] ZHONG H, CAMPBELL I H, ZHU W G, et al. Timing and source constraints on the relationship betweenMafic and felsic intrusions in the Emeishan large igneous province[J]. Geochimica et Cosmochimica Acta, 2011, 75: 1374-1395.

[221] ZHONG H, ZHU W G. Geochronology of layeredMafic intrusions from the Pan-Xi area in the Emeishan large igneous province, SW China[J]. Mineralium Deposita, 2006, 41: 599-606.

[222] ZHONG H, ZHU W G, CHU Z Y, et al. Shrimp U-Pb zircon geochronology, geochemistry, and Nd - Sr isotopic study of contrasting granites in the Emeishan large igneous province, SW China[J]. Chemical Geology, 2007, 236: 112-133.

[223] ZHONG Y T, HE B, MUNDIL R, et al. CA-TIMS zircon U-Pb dating of felsic ignimbrite from the Binchuan section: Implications for the termination age of Emeishan large igneous province[J]. Lithos, 2014, 204: 14-19.

[224] ZHOU M F, ROBINSON P T, LESHER C M, et al. Geochemistry, Petrogenesis and Metallogenesis of the Panzhihua Gabbroic Layered Intrusion and Associated Fe-Ti-V Oxide

Deposits, Sichuan Province, SW China[J]. Journal of Petrology, 2005, 46: 2253-2280.

[225] ZHU X K, GUO Y, O'NIONS R K, et al. Isotopic homogeneity of iron in the early solar nebula[J]. Nature, 2001, 412: 311-313.

[226] ZHU X K, GU Y, WILLIAMS R J P, et al. Mass fractionation processes of transition metal isotopes[J]. Earth and Planetary Science Letters, 2002, 200: 47-62.

反侵权盗版声明

电子工业出版社依法对本作品享有专有出版权。任何未经权利人书面许可，复制、销售或通过信息网络传播本作品的行为；歪曲、篡改、剽窃本作品的行为，均违反《中华人民共和国著作权法》，其行为人应承担相应的民事责任和行政责任，构成犯罪的，将被依法追究刑事责任。

为了维护市场秩序，保护权利人的合法权益，我社将依法查处和打击侵权盗版的单位和个人。欢迎社会各界人士积极举报侵权盗版行为，本社将奖励举报有功人员，并保证举报人的信息不被泄露。

举报电话：（010）88254396；（010）88258888

传　　真：（010）88254397

E-mail：　dbqq@phei.com.cn

通信地址：北京市万寿路 173 信箱

　　　　　电子工业出版社总编办公室

邮　　编：100036